高等院校设计与数字艺术系列教材

# Practical Training of Product Form Design

# 产品形态设计实训

翁春萌　主编
艾险峰　曾力　苏荷芬　管小葳　副主编

化学工业出版社
·北京·

## 内容简介

本书以提高学生产品设计的针对性、有效性和规范性为目标，立足设计实践，针对学生设计时对基本结构认知和特定工艺转化的难题进行编写。书中有9个产品形态设计实训案例，分别是读写台灯、小夜灯、无叶风扇、扫地机器人、发带式耳机、POS机、机油壶、香薰机、户外家具。本书以相关国家标准为依据，每个实训项目设置了课前训练、案例导入、实训步骤、设计实例，引导学生主动探究，对接真实场景，充分体现理论与实际相结合的导向，突出“以学生为中心”的教学设计。随书附赠教学资源电子文件，供读者拓展学习。

本书适合作为高等院校的工业设计、产品设计专业的教学用书，也可作为设计爱好者的自学指导用书。

图书在版编目（CIP）数据

产品形态设计实训 / 翁春萌主编. -- 北京：化学工业出版社，2025. 9. -- (高等院校设计与数字艺术系列教材). -- ISBN 978-7-122-48797-1

Ⅰ. TB472.2

中国国家版本馆CIP数据核字第2025T5S806号

责任编辑：陈景薇　　装帧设计：孙　沁
责任校对：李雨晴

出版发行：化学工业出版社
（北京市东城区青年湖南街13号　邮政编码100011）
印　　装：北京瑞禾彩色印刷有限公司
787mm×1092mm　1/16　印张 $9^3/_4$　字数153千字
2025年10月北京第1版第1次印刷

购书咨询：010-64518888　　售后服务：010-64518899
网　　址：http：//www.cip.com.cn
凡购买本书，如有缺损质量问题，本社销售中心负责调换。

定　　价：58.00元

# 前 言

工业设计作为连接技术创新与市场需求的关键纽带，日益成为“中国制造”转型升级的核心驱动力之一。工业设计教育也随之不断演进，以动态适应技术变革和社会需求。然而，近年来受多种因素影响，设计教育面临新的挑战：一方面，学生在实践教学环节中的“真实场景”体验减少，导致对产品内部结构的认知不足、对工作原理的感性理解薄弱、外观设计随意性较大等问题凸显；另一方面，学生毕业进入企业后需要经历较长的适应期，这在快速迭代的产业环境中削弱了其核心竞争力。此外，尽管国际设计案例为从业者提供了丰富的参考，但若不能深度融合本土文化内涵与创新需求，则难以培育出具有中国特色的原创设计力量。

针对上述问题，本书立足产业发展需求，构建了“标准引领+案例驱动”的教学体系：首先，精选涵盖小家电、家具、数码等领域的9个典型实训项目案例，每个案例均对标国家标准、行业规范、企业标准或市场要求，指导学生开展符合产业实际的“有效设计”，带领学生了解相关标准与规范，分析市场需求，理解生产逻辑，建立成本意识；其次，通过系统化的实训项目，着力培养学生适应行业需求、规范设计流程的核心能力。每个实训是一个完整的设计实例，呈现了从需求分析、概念生成到方案落地的全流程，目的是提升教材的实践指导价值。

本书可作为高等院校工业设计（产品设计）专业的实训教材，也可供广大工业设计人员及相关人员参考。希望教师在使用本书授课时，能够在一定程度上解决学生设计实践过程中存在的缺乏相关产品结构体验和生产感知、缺少“黑箱”约束的产品设计随意性等问题。

本书由武汉科技大学艺术与设计学院的翁春萌担任主编，艾险峰、曾力、苏荷芬、管小葳担任副主编，硕士研究生鄢汉臣、黄芷清、石雨阳、章雯、段雨轩、余欣妍参与了本书案例整理、插图绘制、校对等工作。另外，在此向教学同仁胡康、王采莲、赵音、雷鸣及相关老师、同学表示感谢，他们对本书的编写提供了很多帮助。

由于笔者水平有限，难免有不足及疏漏之处，敬请广大读者和同行批评指正。

编者

2025年2月

# 目 录

# 实训 1

## 读写台灯设计

## 课前训练

**内容：**查阅相关资料，明确读写台灯与一般台灯的区别是什么，并在近期上市销售的读写台灯中收集5款较为满意的产品，从中选出一例你最喜欢的产品，就外观造型、功能设置和用户体验用3～5个词形容它带给你的感觉，画出该产品的三视图并标明产品尺寸。

**注意事项：**注意三视图绘制规范及产品尺寸通用单位。

## 要求和目标

**要求：**

① 培养社会责任感，引导学生在设计中考虑产品的环保性、节能性，关注用户健康，体现设计师的社会责任；

② 明确国家强制性标准与国家推荐性标准的要求及区别；

③ 了解国家标准《读写作业台灯性能要求》（GB/T 9473—2022），掌握产品设计的相关规范，培养职业操守，确保设计的真实性和可靠性。

**目标：**学习本章之后，学生能够根据读写台灯的国家标准进行有效设计。

## 本章要点

从国家标准中提取对产品外观的强制性及推荐性要求。

## 实训目的

读写护眼台灯区别于市面上的一般台灯，国家对其照度、功率以及噪声都有着严格的规范要求，这些规范被称为“国家规范”。了解这些产品的国家规范是设计师的必修课，从国家规范中提取重要信息，有利于我们增强设计的规范性及可行性，能更快地由学生向从业者过渡，增强专业竞争力。

## 1.1 案例导入

【案例】欧普全光谱 LED 书桌护眼灯（图 1-1）

图 1-1　欧普全光谱 LED 书桌护眼灯

观察案例，思考以下问题。

① 产品由哪几个部件构成？

② 产品外壳采用的主要材料是什么？

③ 产品制造使用了哪些生产工艺？

④ 读写台灯有什么特别的功能要求和设计规范？

### 1.1.1 结构模块

常见的护眼台灯应该包含底座、支架、灯罩、插头等基础结构模块。护眼台灯属于流水线生产产品，因此必须考虑产品开模的成本。在设计时，需要适当简化设计，减少开模数量或使用常见的产品模型，从而降低产品落地成本。

## 1.1.2 材质与工艺

### 1.1.2.1 产品材质

塑料是产品设计中最常使用的材料，但塑料仅是一种材料的统称。塑料中的ABS（acrylonitrile butadiene styrene，丙烯腈-丁二烯-苯乙烯共聚物）材料是一种强度高、韧性好、易于加工成型的热塑性高分子结构材料，又称ABS树脂。ABS因其良好的使用特性与较低的成本，成为大多数护眼台灯的首选材料。具体而言，ABS具有以下特性。

**（1）一般性能**

ABS外观为呈象牙色的不透明粒料，具有高光泽度。ABS的相对密度为1.05左右，吸水率低。ABS同其他材料的结合性较好，易于表面印刷、涂层和镀层处理，其制品可涂成五颜六色。

**（2）力学性能**

ABS有优良的力学性能，其抗冲击强度极好，可以在较低的温度下使用。ABS的耐磨性优良，尺寸稳定性好，还具有耐油性。

**（3）热学性能**

ABS的热变形温度为93～118℃，制品经退火处理后温度还可提高10℃左右。ABS在-40℃时仍能表现出一点韧性，可在-40～100℃的温度范围内使用。

**（4）电学性能**

ABS的电绝缘性较好，几乎不受温度、湿度和频率的影响，制成的读写台灯可在大多数环境下使用。

### 1.1.2.2 产品工艺

注射成型是一种注塑兼模塑的成型方法，其优点是成型周期短，效率高，操作可实现自动化，花色品种多，形状可以由简到繁，尺寸范围广，制品尺寸精确，可制作成型结构复杂的制件。在大批量生产条件下，注射成型的产品单件成本显著降低，且模具可重复使用，便于产品迭代更新。

注射成型过程大致可分为6个阶段：合模、射胶、保压、冷却、开模、制品取出。由于产品材质与工艺的客观因素，对产品的设计也有着相应的细节要求。例如，脱模斜度（图1-2）是为了方便出模而在模膛两侧设计的斜度。脱模斜度的取向要根据塑件的内外形尺寸而定。为了让成型产品可以被顺利顶出脱离模具，在与模具开闭相同方向的壁面（包括侧型芯与加强肋）上，必须设定拔模斜度，其角度范围一般为0.5° ～1° 。在建模时，诸如此类的细节体现了设计师对产品设计流程的整体性掌握，切不可仅关注造型设计，闭门造车。

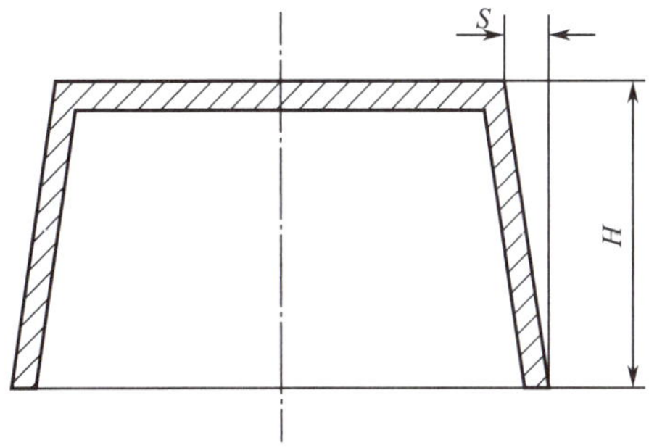


图 1-2 脱模斜度

## 1.1.3 国家标准

中华人民共和国国家标准简称国标，是指为保障人体健康、人身、财产安全的标准和法律、行政法规定强制或推荐执行的标准，具体分为国家强制性标准和国家推荐性标准，可根据文件的开头编号予以区分，强制性标准冠以“GB”，推荐性标准冠以“GB/T”。关于护眼台灯的国家标准主要有两项，分别为GB/T 7000.217—2023以及GB/T 9473—2022。

### 1.1.3.1 参数要求

当读写台灯设计满足GB/T 7000.217—2023时，该读写台灯才可以进行标准化生产；当读写台灯设计满足GB/T 9473—2022（表1-1）时，可根据台灯的照度等级等具体参数将其评价为A级或AA级产品。并不存在国标承认的AAA级台灯，市面上出现的AAA级台灯大多是为了吸引流量。

表 1-1 GB/T 9473—2022 片段

<table>
<tr><td>遮光性要求</td><td colspan="3">对于正常工作位置的出光口面高度低于750mm的灯具，当人处于坐姿的位置时，人眼观察到的所有发光部件的表面亮度不应大于2000cd/m$^2$</td></tr>
<tr><td rowspan="2">灯具闪烁要求</td><td rowspan="2">功率因数实测值不应比标称值低0.05及以上</td><td>功率 > 25W</td><td>功率 < 25W</td></tr>
<tr><td>功率因数 > 0.9</td><td>功率因数 > 0.5</td></tr>
<tr><td>噪声要求</td><td colspan="3">正常工作时，其噪声不得大于25dB（A）</td></tr>
<tr><td>电源线</td><td colspan="3">电源线外露长度不得小于1.8m</td></tr>
</table>

### 1.1.3.2 试验方法

照度及照度均匀度试验的布点方式如图1-3所示。将灯具放置在水平桌面上，待光源燃点稳定后进行测量。以灯具出光口几何中心的垂直投影点为圆心，位于眼睛正前方，在靠近眼睛一侧灯具的投射范围内，离圆心的半径距离为500mm的1/3扇形内，以30° 为间隔，在半径线上进行照度测量，测试间隔为100mm，包括圆心。照度均匀度为每个区域内最大值与最小值的比值。照度及照度均匀度要求见表1-2。

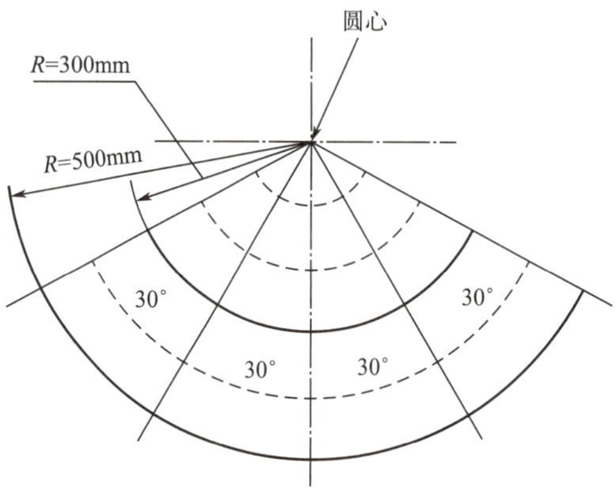


图1-3 照度及照度均匀度试验的布点方式

表1-2 照度及照度均匀度要求

| 分类 | 照度 /lx | | 照度均匀度 | |
|---|---|---|---|---|
| | 小于等于300mm 的120° 扇形区域 | 大于300mm、小于等于500mm 的120° 扇形区域 | 小于等于300mm 的120° 扇形区域 | 大于300mm、小于等于500mm 的 120° 扇形区域 |
| A级 | ≥ 300 | ≥ 150 | ≤ 3 | ≤ 3 |
| AA级 | ≥ 500 | ≥ 250 | ≤ 3 | ≤ 3 |

注：120° 扇形区域的示意见图1-3。

**提示：**阅读上述标准不难看出，国家标准对产品的规范具有全面性和综合性特征，其约束范围不仅涵盖产品尺寸参数，更涉及性能、安全、环保等多维度的技术要求。作为工业产品设计师，我们需要解读标准，重点把握设计转化要点。

## 1.1.4 竞品分析

分析读写台灯竞品，见表1-3。

表 1-3　读写台灯竞品分析

| 产品名称 | 配色 | 材料 | 尺寸 /mm | 参考价格 | 特点 |
|---|---|---|---|---|---|
| 米家台灯 Lite（图 1-4） | 白色 | ABS 树脂 | 408 × 140 × 410 | 99 元 | 蓝牙智能控制；双轴角度调节；三挡亮度调节；国 A 标准 |
| 欧普护眼台灯（图 1-5） | 黑色 | ABS 树脂 | 418 × 125 × 130 | 189 元 | 自由调光；六挡亮度；鹅颈自由调节；国 AA 级 |
| 志轩护眼台灯（图 1-6） | 银白色 | ABS 树脂 +PC 材料 | 400 × 142 × 410 | 129 元 | 智能感光；延时关灯；休息提示；国 AA 级 |

图 1-4　米家台灯 Lite

图 1-5　欧普护眼台灯

图 1-6　志轩护眼台灯

**提示：**在进行竞品分析时，应当避免陷入盲目追求差异化的误区。分析竞品的共性与定位，寻找合适的市场切入点，识别用户未被充分满足的需求，实施精准微创新，通过1～2个关键差异点塑造产品特色。

## 1.2　实训步骤

接下来，请以读写台灯为主题进行产品设计实训。

### 1.2.1　产品及部件草图

设计时，要求画出产品的主视图及三视图，并且在视图中标注出设计的部件位置，要求部件的数量不超过4个。思考部件之间的连接方式及连接件的设计。

### 1.2.2 产品及部件尺寸

在完成主视图及三视图草图后，基于人机工程学的基础知识及市场上常见产品的尺寸思考该产品的设计尺寸，并标注在三视图旁。重点思考如何设计发光面尺寸、底座尺寸、灯高尺寸才能符合国家AA级标准。

### 1.2.3 产品材质及工艺

根据所学，比较不同材质及工艺的成品效果，为后续方案筛选与深化提供参考，同时要了解工艺成本。

### 1.2.4 产品建模要求

① 产品尺寸对标现有产品，灯头的高度至少为400mm；

② 包含开关一个（可触控，可按键）；

③ 底座厚度不小于24mm，考虑锂电版本结构件的兼容；

④ 建模曲线曲面连续性为G1/G2；

⑤ 产品模型须有厚度和内部构造。

完成后，根据设计反馈（来自教师或企业）进行修改，要求完成产品展板一张。

**展板要求：**将作品文件编排于单幅A3幅面，竖式，像素为300dpi，文件格式为JPG，色彩模式为RGB/CMYK，文件大小不超过10MB；展板内容包含产品三视图、产品尺寸图、产品色彩搭配图、产品效果图、场景效果图。

## 1.3 产品设计实例

### 1.3.1 产品手绘

在前期绘制草图时，可以先不过多考虑产品开模成本，利用头脑风暴等发散性思维方式完成产品初步创新与思路拓展，累积相应的草图案例可选量。然后根据前期调研及品牌方需求进行筛选或调整，确定最终草图。

#### 1.3.1.1 头脑风暴

以发散思维绘制读写台灯产品草图（图1-7），暂不考虑成本、大众审美等问题，重点思考新场景、新需求下的功能细分。

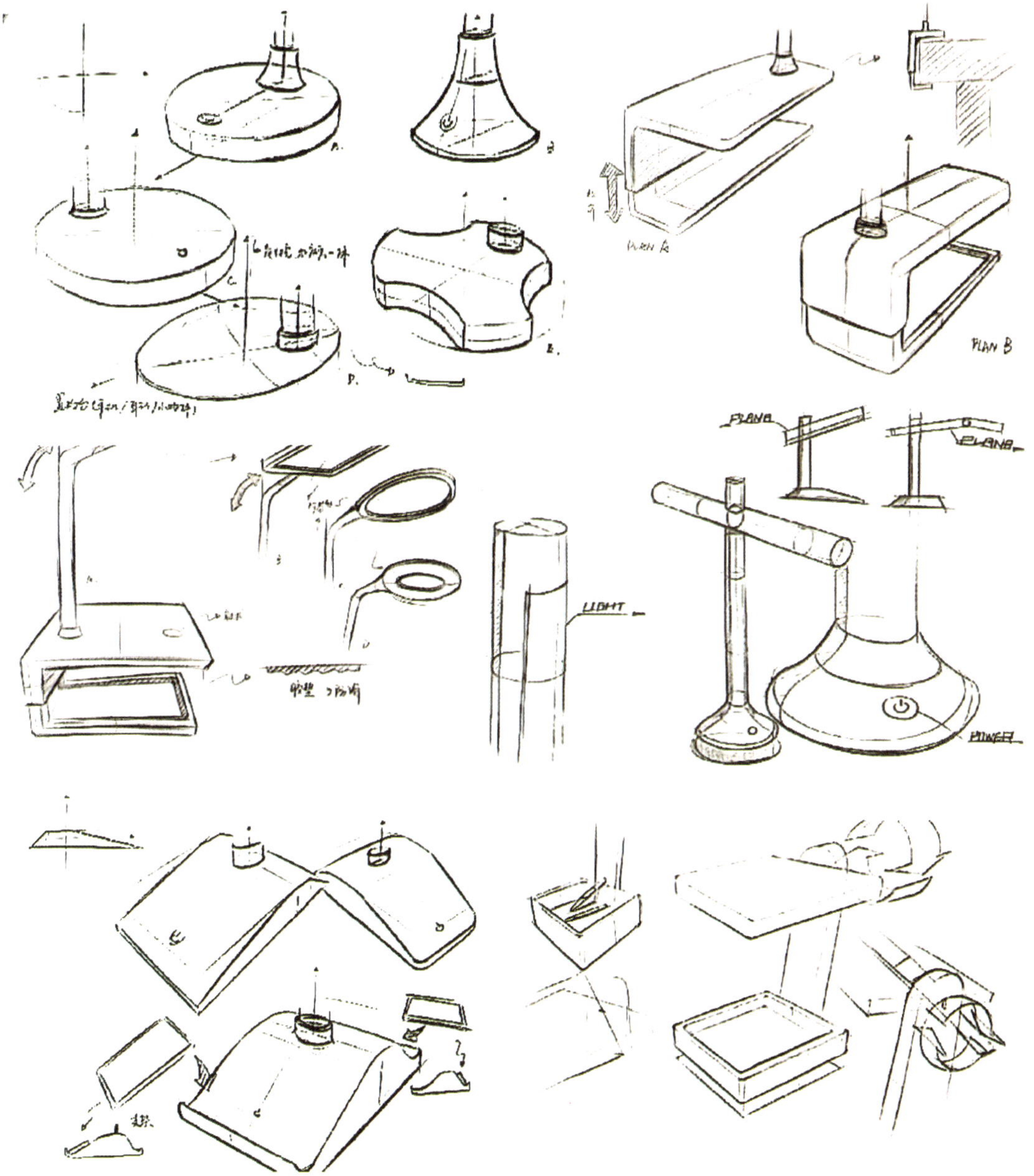


图 1-7　读写台灯产品手绘草图 1

### 1.3.1.2　创意集中

根据企业从生产角度给予的设计反馈，为了满足国AA级认证要求，放弃环状灯带设计方向，主要针对上细下宽的方向继续设计，要求整体协调，上下呼应，如图1-8和图1-9所示。

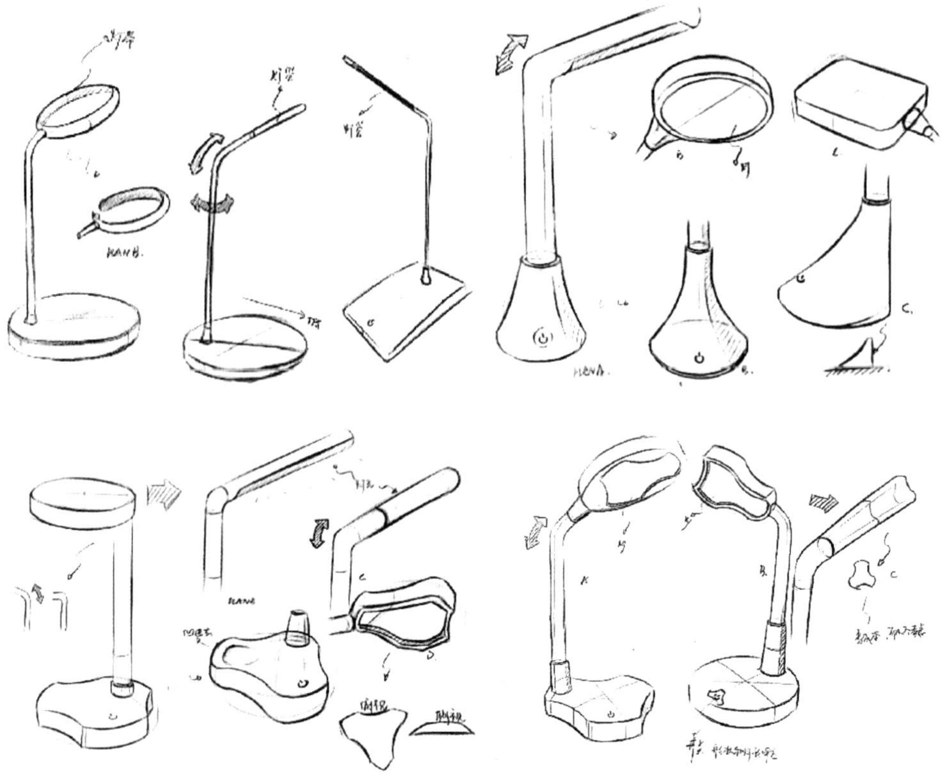

图 1-8　读写台灯产品手绘草图 2

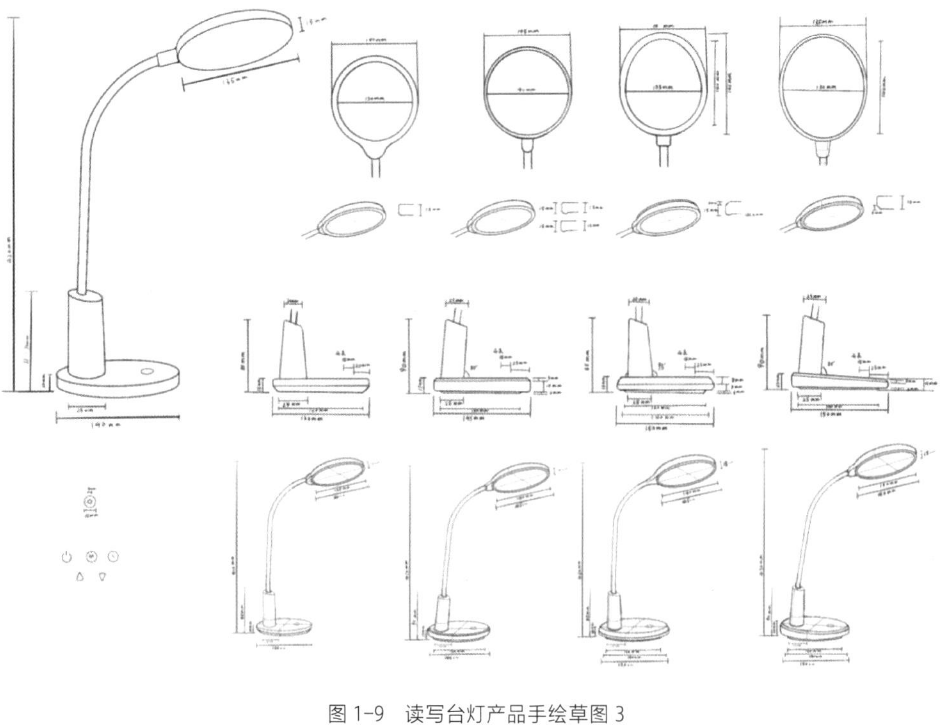

图 1-9　读写台灯产品手绘草图 3

### 1.3.1.3 功能设定

随着电子设备（手机、平板电脑等）的普及，在线学习与办公场景日益增多，传统阅读空间需要兼顾多功能使用需求。因此，如何通过优化现有灯具设计，使其同时满足阅读和电子设备使用的需求，成为产品改进与创新的重要方向。

经过反复讨论与思考，最终选定以手机支架与读写台灯结合作为创新点。考虑成本和售价区间，能与主流产品区分的微创新更加现实，为了确保发光面设计能达到国家AA级标准，因此采用较为保守的设计策略，主要将创新点体现在底座的设计上，就手机放置方式设计了底座凸起与凹槽等多种形式，如图1-10和图1-11所示。

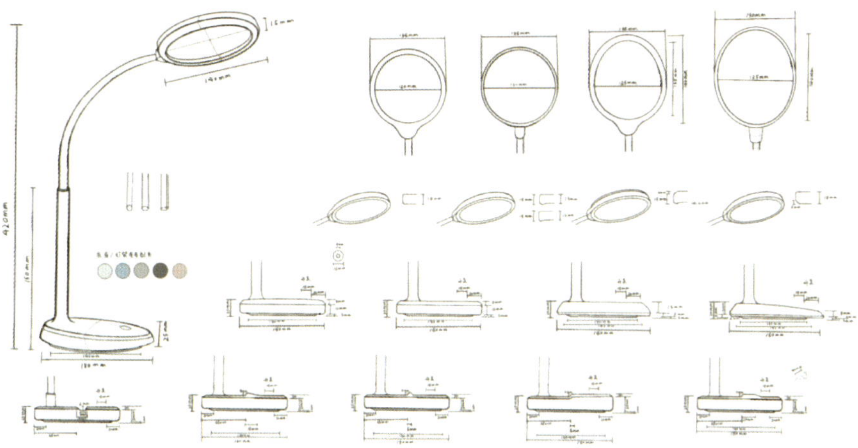

图 1-10　能置物的读写台灯产品手绘草图 / 周美琪

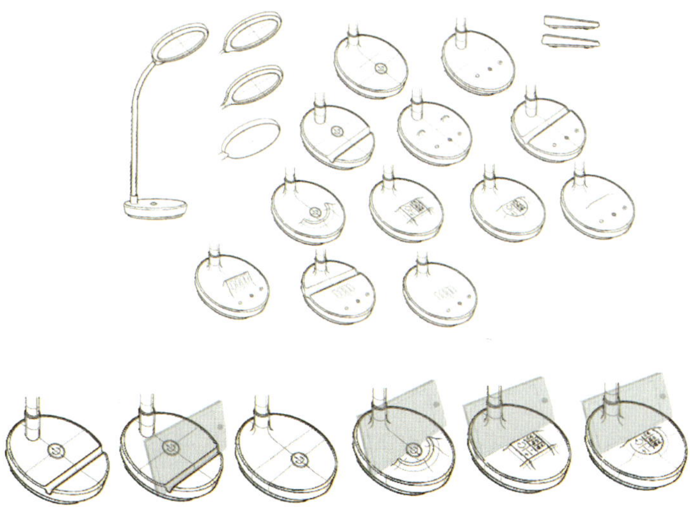

图 1-11　读写台灯产品创新方案 / 周美琪

## 1.3.2 参数确定

草图明确后，需要对细节进行补充，其中产品具体尺寸规范及产品连接方式是较容易遗漏的细节，在进行设计时需要十分注意。在该步骤中，需考虑如何降低产品成本，增加项目落地的可能性。

**预设降低成本方案：**

① 使用通用件降低成本；

② 控制构件数量（3件以内）；

③ 不采用转轴，采用硅胶软管是最便宜的结构形式；

④ 使用不同的电池及配套底座，控制成本；

⑤ 为达到国家AA级标准，采用常见的圆形发光面。

### 1.3.2.1 发光面尺寸

发光面的尺寸直接决定了产品的照度是否能够达到国家A级或AA级标准，因此需要重点关注该部分尺寸，并在参数范围内进行微调，如图1-12和图1-13所示。

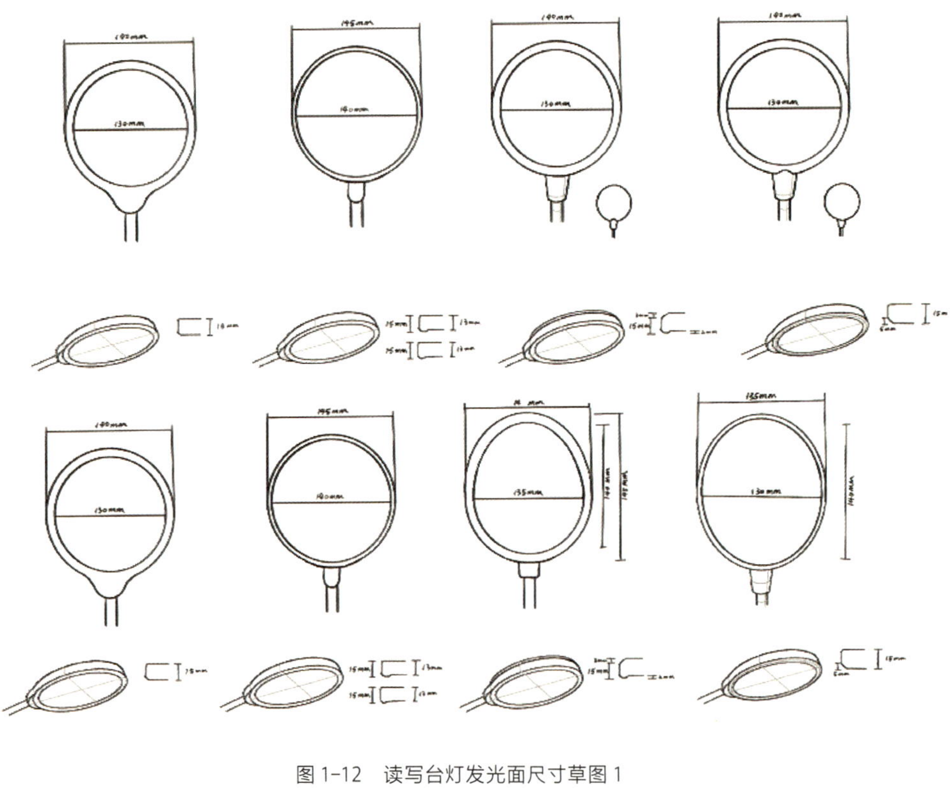

图1-12 读写台灯发光面尺寸草图1

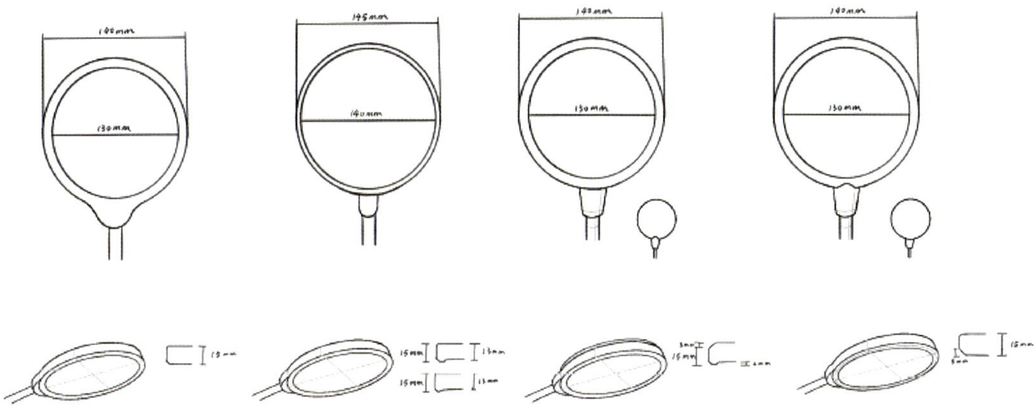

图 1-13　读写台灯发光面尺寸草图 2

### 1.3.2.2　底座尺寸

底座的尺寸不仅是视觉效果的重要构成，配重与电源设置决定了产品是否能立于平面，功能是否能正常使用，如图1-14所示。学生在设计时，往往仅关注产品是否美观而忽视产品基础功能是否达标。

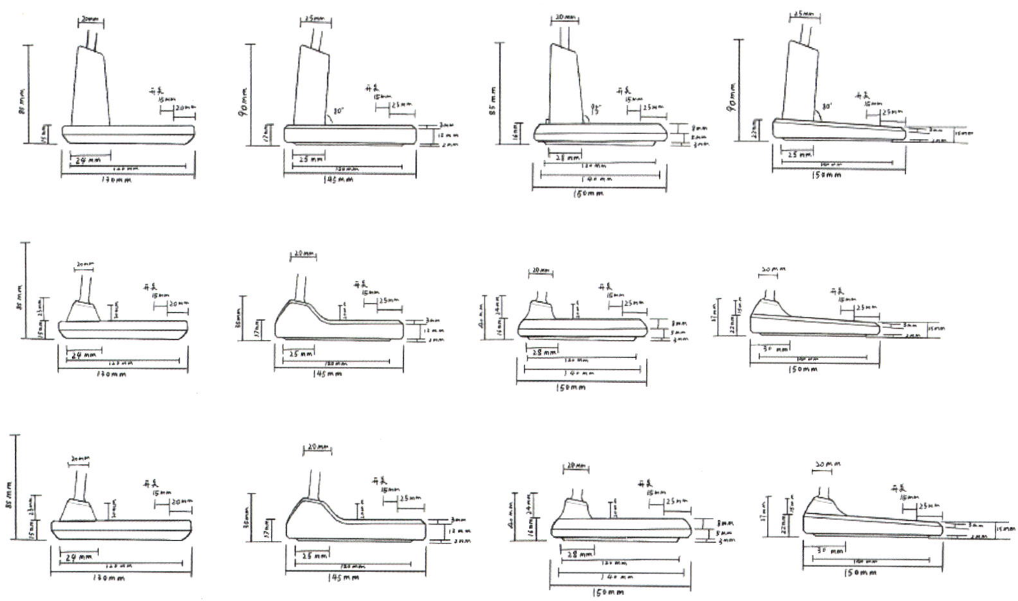

图 1-14　读写台灯底座尺寸草图

### 1.3.2.3　明确约束条件

在完成以上步骤后，建立基础约束条件表（表1-4），方便在建模时进行自我约束。

表 1-4　基础约束条件表

| 产品构建 | 发光面 | 立柱底座（一体） | 连接件 |
| --- | --- | --- | --- |
| 长度 /mm | 125 ～ 140 | 130 ～ 150 | — |
| 高度 /mm | — | 415 ～ 420 | — |
| 宽度 /mm | 10 ～ 15 | 15 ～ 20 | — |

## 1.3.3　产品建模

### 1.3.3.1　草图建模

根据草图进行建模（图1-15），然后与同学讨论，找出其中的问题与不足。

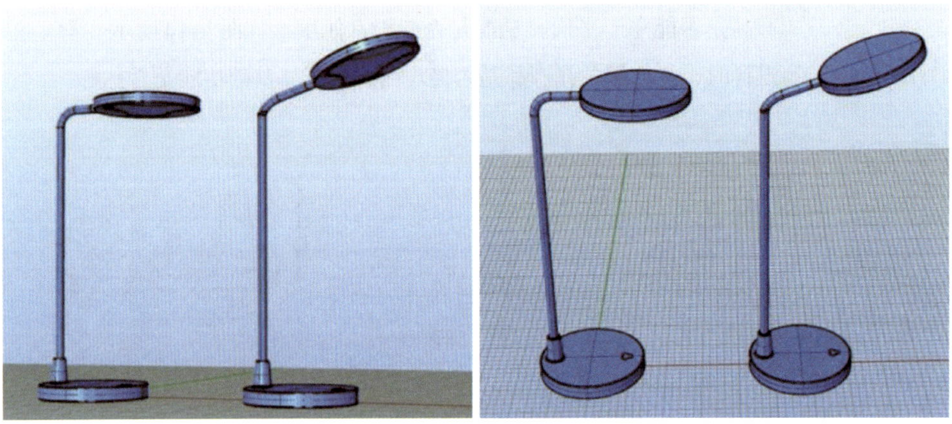

图 1-15　读写台灯产品草图建模 / 张佳佳

**整体问题：**

① 特殊形状的开关键设计需要重新开模，开发成本增加；

② 灯头调节范围不够；

③ 整体线条不协调。

### 1.3.3.2　二次修改

整体造型调整完毕后，开始讨论产品细节，并在此基础上进行微创新，如图1-16所示，尽可能丰富产品功能，与市面上的主流产品进行区分。

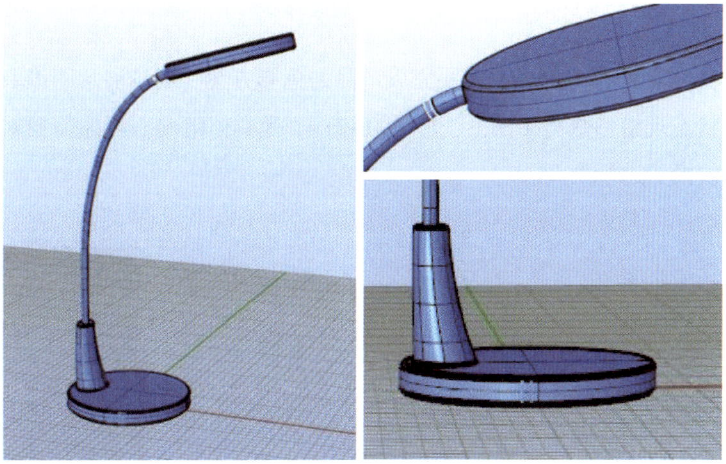

图 1-16　读写台灯产品建模修改方案

**细节调整及微创新：**

① 为降低成本，取消圆柱体的弧度；

② 接口位置不做材质跳色；

③ 加入附加功能——手机支架。

### 1.3.3.3　方案定稿

根据创新点，对产品模型进行微调（图 1-17），并产生2～3个方案进行渲染（图 1-18），然后根据渲染效果或整体效果进行选择。

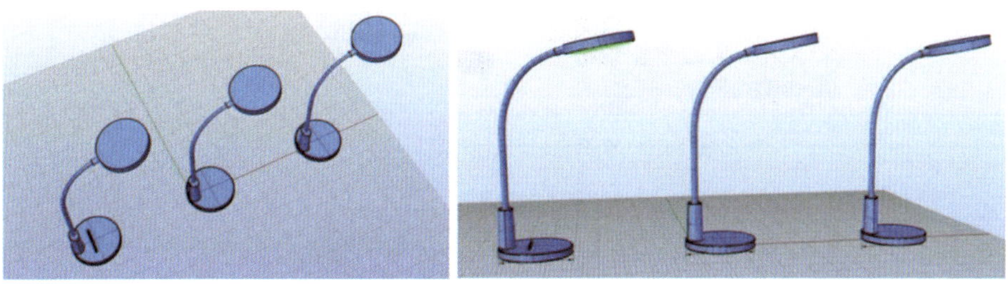

图 1-17　读写台灯产品建模定稿

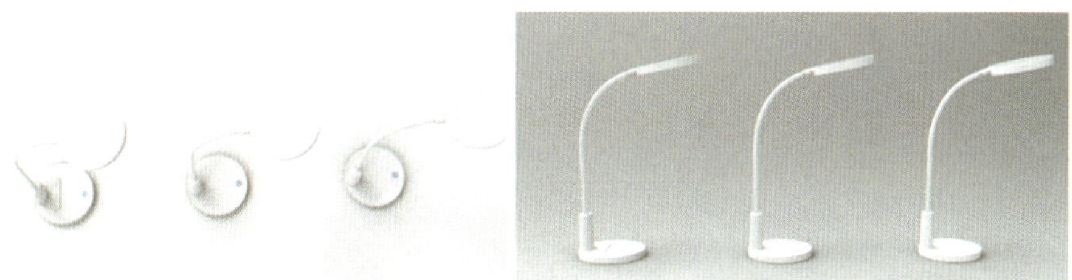

图 1-18　读写台灯产品建模渲染效果

### 1.3.3.4　效果展示

在效果展示阶段，需要完成产品的色彩方案、场景展示图以及工作状态规格参数等（图1-19～图1-21）。视具体情况，可能需要对产品的模型进行微调。

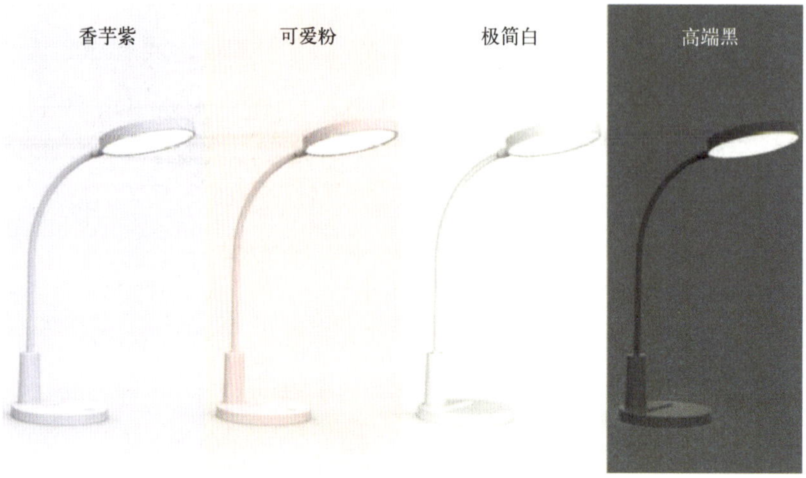


图 1-19　读写台灯产品色彩方案 / 张佳佳

图 1-20　读写台灯场景展示

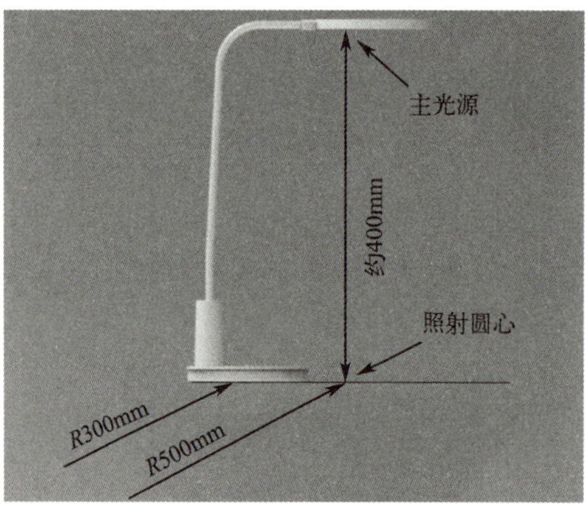


图 1-21　读写台灯工作状态规格参数

## 1.3.4 技术规格参数

依照国家标准，部分产品落地后需要将具体的技术规格参数展示于产品包装上。读写台灯的技术规格参数至少需要包含表1-5中的信息。

表1-5 技术规格参数表

| 产品名称 | 悦彩台灯 | 额定电压 | 220V |
| --- | --- | --- | --- |
| 产品编号 | DT44-HB | 额定电流 | 110mA |
| 开关方式 | 触摸开关 | 额定功率 | 12W |
| 产品净重 | 0.85kg | 功率因数 | 0.5 |
| 外壳材质 | ABS树脂 | 显色指数 | Ra ≥ 95 |
| 电源线长 | 180cm | 色温 | 4000K |
| 产品尺寸 | 150mm × 420mm | | |

## 1.3.5 产品实物展示

台灯成品如图1-22所示。

图1-22 台灯成品

## 1.3.6 设计评价

该护眼读写台灯已投产销售，产品性能达到AA级，国内各电商平台同步上市，并已多批次出口欧洲。截至2024年年底，该产品国内外销售额达1200余万元。

手机、平板电脑等电子设备的广泛应用推动了在线学习和远程办公的兴起，这使得传统阅读空间必须适应多样化的使用需求。而现有灯具产品缺少相应的有效解决措施。这对产品改进与创新提出了新要求，如何将手机支架与灯具设计相结合？在实现广域发光、角度万向可调的同时如何营造简洁、时尚的视觉效果？这些都是创意展开的出发点。在创意方案产品化的过程中，发光范围和面积对灯具高度的要求、脱模角度对底座角度的要求、开模成本对构件数量的要求等，需从脱模难度、产品创新及成本控制等多个方面不断优化设计，进行各种尺寸的持续精微调整。

总的来说，产品设计最后是要变为能投产的商品，在这个过程中会受到众多生产条件的约束，设计创意必须考虑后期执行的方方面面，细碎而具体。在产品化的过程中，会根据实际情况和成本核算不断地调节部件尺寸以及插件位置，甚至围绕零点几毫米的精度进行反复调整。因此，设计师除了需要拥有创造力之外，更需要牢牢掌握产品设计的相关规范，确保设计行之有效。

# 实训 2

## 小夜灯设计

## 课前训练

**内容：** 在最近几年上市的产品中收集15款小夜灯，根据产品的开关类型、光源类型、功能、使用对象、使用场景和使用范围进行分类，分析它们各自的特征和设计思路，讨论在材料运用、结构设计、产品语义上是否合理，如果需要你设计一款小夜灯，你希望小夜灯的设计要点和创新点在哪里。

**注意事项：** 注意所选择的15款小夜灯的形态、材料、功能的多样性。

## 要求和目标

**要求：**

① 以用户需求为中心，关注用户体验，通过用户研究和体验测试来优化设计，满足不同用户群体的多样化需求；

② 分析小夜灯产品构成的各个要素及其相互关系；

③ 分析市场需求变化和产品升级的内在关联性；

④ 合理寻找相关事物，并借鉴它们的形态进行设计；

⑤ 了解国家标准规范，小夜灯性能要求见GB/T 7000.212—2023。

**目标：** 学习本章之后，学生能够根据国家标准有效进行小夜灯设计。

## 本章要点

从国家标准中提取对产品外观的强制性及推荐性要求。

## 实训目的

小夜灯不作为室内的主光源，而是作为辅助性的照明及装饰。随着生活水平的不断提高和市场需求的扩大，小夜灯除了有指引、照明的作用，还兼具一灯多用的其他多种功能。小夜灯的造型和材料多样，要注意选材的质量，要依照国家标准来选择。

## 2.1 案例导入

【案例】易来（Yeelight）无线充电小夜灯（图 2-1）

图 2-1 易来（Yeelight）无线充电小夜灯

观察案例，思考以下问题。

① 产品由哪几个部件构成？

② 产品外壳采用的主要材料是什么？

③ 产品制造使用了哪些生产工艺？

④ 小夜灯有什么特别的功能要求和设计规范？

### 2.1.1 结构模块

常见的小夜灯应该包含外壳件、光源、灯管、PCB 板（按钮、声控键、拍打、触控、遥控）、电源插头等基础结构模块。

### 2.1.2 使用场景及功能分析

根据使用范围的不同，小夜灯可以分为楼道小夜灯、卧室小夜灯、酒店大堂小夜灯、酒店客房小夜灯、休闲娱乐场所小夜灯、展厅小夜灯、走廊小夜灯等。

根据功能的不同，小夜灯可以分为香薰小夜灯、照明小夜灯、智能充电小夜灯、工艺装饰小夜灯、节日礼品小夜灯、拍拍娱乐小夜灯、阅读小夜灯等。

### 2.1.3 材料选择

工业产品设计中材料的选用需要考虑很多方面，小夜灯的材料依据不同功能的需求而选择，材料带来的感官刺激以及这些感官刺激引起的情绪所触发的经验，才是设计师在选择材料与组合不同材料时的依据。

### 2.1.3.1 产品材质

根据不同场景的设计需求，以及与一些智能配件的结合，产品在材质的选择上也有所区别。底座部分多选用塑料。塑料是产品设计中最常使用的材料，如ABS、PC等塑料具有良好的力学、热学、电学等性能，并广泛应用于建材、医疗器械、航空航天、包装等领域。灯罩一般选用亚克力材料（图2-2），即聚甲基丙烯酸甲酯，该材料具有以下优良性质：

① 亚克力板材无色，有一定的透明度，透光率可超过95%；

② 亚克力板材的耐气候性非常强，无论是在什么恶劣环境下都不会导致它的性能出现改变或者缩短它的使用寿命；

③ 亚克力板材适合机器加工，加热后容易定型；

④ 亚克力板材品种繁多，色彩也非常丰富，并且具有优异的综合性能。

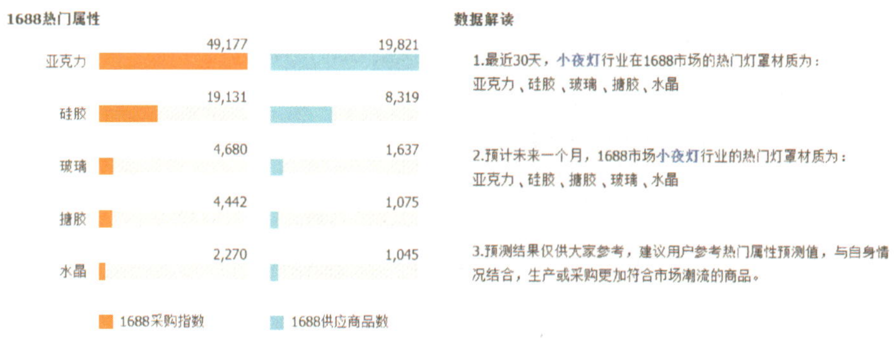


图 2-2 夜灯灯罩材质调研报告

### 2.1.3.2 产品工艺

注射成型是小夜灯的主要制造工艺，具体介绍见1.1.2.2节。

## 2.1.4 国家标准

电源插座安装的夜灯的国家标准为GB/T 7000.212—2023，可移式通用灯具的国家标准为GB/T 7000.204—2023。当夜灯设计符合GB/T 7000.212—2023时，该夜灯才可以进行标准化生产。

（1）结构

应符合GB/T 7000.1—2023第4章的规定和下述要求。

① 电源插座安装的夜灯的插头部分应符合GB 1002或GB/T 1003的要求。合格性由目视、测量检验，必要时，使用符合国家标准的量规进行检查。

② 电源插座安装的夜灯的插头部分应符合GB/T 2099.1或适用的国家标准中有关结构的要求。合格性由GB/T 2099.1或适用的国家标准中的试验检验。

③ 应用GB/T 7000.1中4.13.1节的机械强度试验进行检验，对试样施加的冲击能量要符合GB/T 7000.1中表4.3规定的儿童用可移式灯具的要求。

④ 电源插座安装的夜灯的外壳应当设计成在正常安装时能防止被电击穿的，防止刺穿的能力由以下试验检验：应用GB/T 7000.1中12.4.1节的试验，测量任何可能出现的故障点的温度；试验后将样品立即放入GB/T 7000.1中13.2.1节规定使用的加热箱，加热温度为测得的最高温度；保持上述温度的同时，用IEC 61032：1997中的试验指11，施加30N力于可接触的表面，试验指不应触及带电部件，对于Ⅱ类电源插座安装的夜灯，试验指不应触及，基本绝缘。

⑤ 电源插座安装的夜灯在接入电源后应确保光源不可更换。同时，为了使用安全，外壳必须采用可靠的固定方式：紧固螺钉固定或设计为需使用特殊工具才能拆卸的专门结构；也可通过结构设计使夜灯在插入插座后其外壳无法被使用者拆卸。上述要求满足其中一项即可，合格性由目视检验。

⑥ 电源插座安装的夜灯的外壳不应有可能被孩子视作玩具的造型和（或）装饰。合格性由目视检验。

⑦ 若整体式插销是相应的插头内带熔断器的形式，则电源插座安装的夜灯应配备合适的熔断器以提供过电流保护。合格性由目视检验。

⑧ 装在带氖泡的电源插座安装的夜灯里的串联电阻器不应是“合成”或“碳膜”类型。合格性由目视检验。

⑨ 电源插座安装的夜灯应配有整体式插销作为电源连接方式。合格性由目视检验。

⑩ 电源插座安装的夜灯不采用外部接线的连接方式。合格性由目视检验。

**（2）接地规定**

应符合GB/T 7000.1中第7章的规定。

**（3）防触电保护**

应符合GB/T 7000.1中第8章的规定及下述要求：当电源插座安装的夜灯插入相应的插座时，应不可触及灯座或其他内部带电部件。

**（4）防尘、防固体异物和防水**

应符合GB/T 7000.1中9.3节的规定。

**（5）绝缘电阻和电气强度**

应符合GB/T 7000.1中第10章的规定。

**（6）爬电距离和电气间隙**

应符合GB/T 7000.1中第11章的规定和下述要求：电源插座安装的夜灯除了插销以外，暴露于其接合面并与带电部件接触的金属部件应比接合面凹进去至少3mm。

### 2.1.5 竞品分析

分析无线充电夜灯竞品，见表2-1。

表2-1 无线充电夜灯竞品分析

| 产品名称 | 配色 | 材料 | 尺寸/mm | 参考价格 | 特点 |
|---|---|---|---|---|---|
| 欧普智能无线充电小夜灯（图2-3） | 白色 | ABS树脂+PC材料 | 196.5×180×75.8 | 200～300元 | 分离式设计；多彩氛围灯设计；香薰珠槽设计 |
| 三竹手机无线充电床头灯（图2-4） | 木纹色/白色 | 铝材+塑胶 | 228×95×222 | 99～199元 | 智能检测识别金属异物；亮度触摸灯杆自由切换 |
| 美的无线充电灯（图2-5） | 银白色 | ABS树脂+金属 | 213×155×199 | 300元 | 触控金属开关；大面积置物底座；香薰珠槽设计 |

图2-3 欧普小夜灯

图2-4 三竹手机床头灯

图2-5 美的无线充电灯

**提示：**同类产品功能大同小异，分析竞品的共性与定位，寻找合适的市场切入点，明确用户群体与自身产品定位，打造差异化产品。

## 2.2 实训步骤

接下来，请以小夜灯为主题进行产品设计实训。

### 2.2.1 产品及部件草图

设计时，要求画出产品的主视图及三视图，并注明尺寸，提供5个以上的设计方案。要求草图体现出设计构思和推导过程，表达出个人的设计灵感、设计思路和设计技法。

### 2.2.2 产品及部件尺寸

在完成主视图及三视图草图后，通过人机工程学的基础知识及市场上常见产品的尺寸，进行更加细致的研究和思考，以真实准确的科学理论数据和实践经验作为设计的基础，使产品更加符合人们的使用习惯和方式。重点思考各模块部件的功能，合理设计部件尺寸，使其符合国家标准。

### 2.2.3 产品材质及工艺

根据上述内容并结合我们所学的知识，比较不同功能的夜灯的材料和加工工艺，为后续方案的筛选与深化提供参考。

### 2.2.4 产品功能需求

**（1）照明功能**

小夜灯有强弱挡位调节和开关挡，可调节亮度，光线柔和，能产生类似月光的照明效果，营造温馨朦胧的光照环境，能使人平心静气，安心入睡。

**（2）数显时钟功能**

大多数有时钟功能的夜灯的定位是喂奶灯，因为喂奶更需要关注时间，所以在夜灯上附加时钟功能。有数显时钟功能的夜灯造型大多较圆润且带有提手，照明范围大，以保证喂奶时视野清晰。

**（3）无线充电功能**

只需把手机放上去就可开始无线充电，支持多种手机型号，当手机充电至90%左右时，会逐渐减缓电流直入，切换涓流至充满后自动断电。无须担心手机过充和过热的问题，可延长电池寿命。

**（4）分离、磁吸功能**

分离式、磁吸式夜灯均由两部分构成，小巧的夜灯部分以及无线充电底座部分，大多为触摸开灯，可调光。小巧的夜灯部分方便移动，带有磁吸功能的夜灯可吸附在底座的金属平面上，方便起夜等情况下携带。

**（5）蓝牙音箱功能**

大部分产品采用了市面上主流的蓝牙5.0技术，支持高质量的无线音频连接，10m内手机蓝牙可自由连接。

**（6）香薰功能**

香薰珠槽设计，通过灯泡的热量使精油挥发，具有净化空气、去除异味、分解二手烟、缓解精神压力等效果。

**（7）装饰功能**

小夜灯造型多样、生动美观，部分灯罩可以拧下来作为摆设。

## 2.2.5 产品建模要求

① 产品尺寸参考现有产品。

② 明确开启方式（可触控，可按键），以设计语言的方式呈现。

③ 产品模型须有厚度和内部构造。

完成后，根据设计反馈（教师或企业）进行修改，要求完成产品展板一张。

**展板要求：**将作品文件编排于单幅A3幅面，竖式，像素为300dpi，文件格式为JPG，色彩模式为RGB/CMYK，文件大小不超过10MB；展板内容包含产品三视图、尺寸图、产品色彩搭配图、产品效果图、场景效果图。

# 2.3 产品设计实例

## 2.3.1 Funny 童趣小夜灯

### 2.3.1.1 产品手绘

在前期绘制草图时，可以先不过多考虑产品开模成本，多利用头脑风暴等发散性思维方式，针对产品可创新点进行初步创新或通过各类艺术创意网站进行思路拓展，给出图2-6中的草图方案。

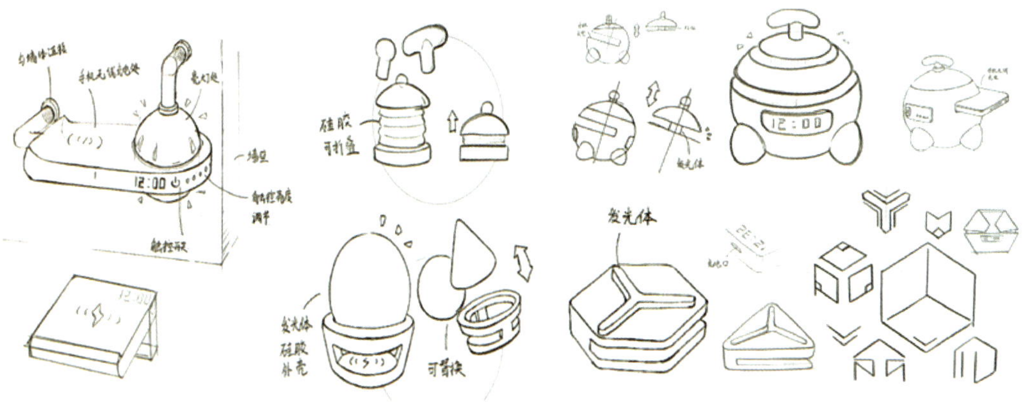


图 2-6　Funny 童趣小夜灯草图展示 / 曾可心

### 2.3.1.2 产品建模

根据老师的设计反馈，选定Funny童趣小夜灯的方案进行具体创意设计（图2-7）。对学生的建模初期成果进行细节推敲和修改（图2-8），主要对产品的模块部件进行分析修改，使其符合功能需求，整体协调。

图 2-7　Funny 童趣小夜灯建模 / 曾可心

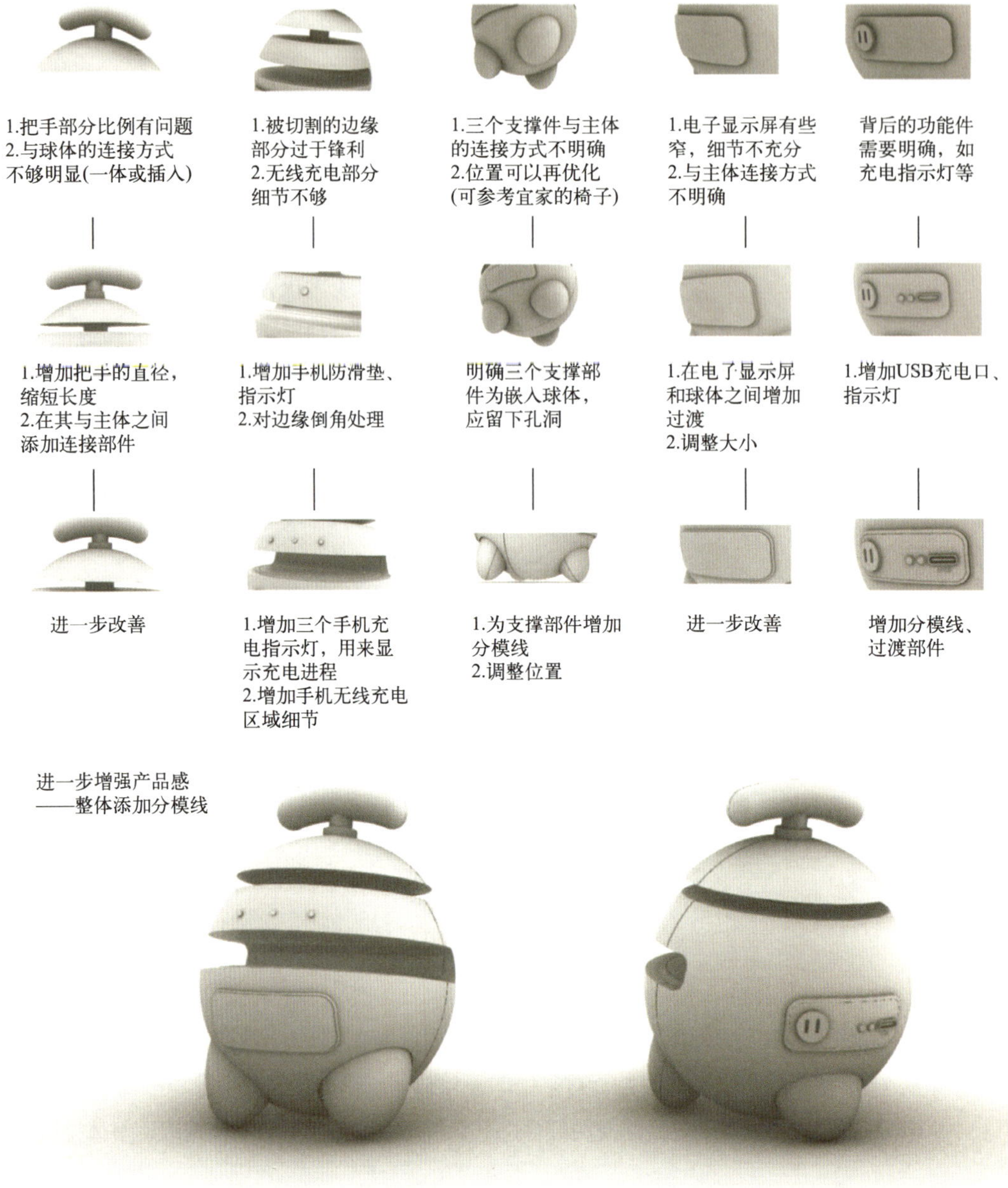


图 2-8　Funny 童趣小夜灯建模细节推敲 / 曾可心

**整体问题：**

① 把手部分比例失衡，部件连接处不流畅；

② 被切割的边缘过于锋利，未进行倒角处理；

③ 缺少分模线、过渡部件及功能件。

### 2.3.1.3 最终效果展示

针对以上细节问题和创新点，对产品模型进行完善和微调，选择4个配色方案进行渲染。根据渲染和整体效果，选择以紫色和黄色为主要色的配色方案作为最终呈现，并对功能模块、规格参数、设计内容做出说明，如图2-9～图2-14所示。

图2-9　效果图/曾可心

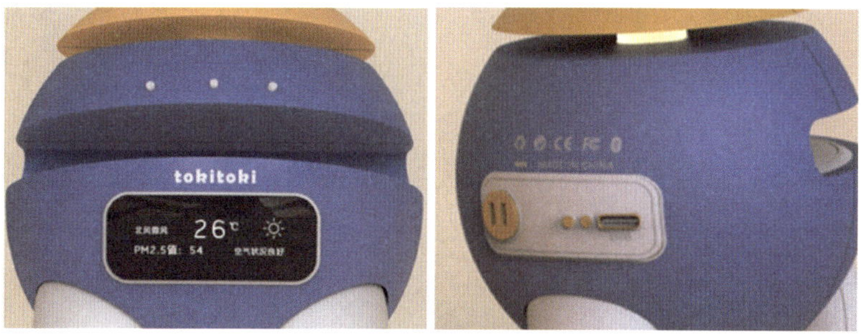


图2-10　细节图/曾可心

图2-11　展示图/曾可心

图 2-12　配色方案 / 曾可心

图 2-13　效果展示 / 曾可心

图 2-14　Funny 童趣小夜灯海报 / 曾可心

## 2.3.2 鲸灯

### 2.3.2.1 产品手绘

前期绘制草图不考虑产品开发成本，利用头脑风暴等发散性思维方式和设计方法对产品进行初步创新和思路拓展，并结合人群功能需求给出方案草图（图2-15）。后期依据市场调研及品牌方需求进行筛选调整，确定以鲸灯作为最终方案（图2-16）。

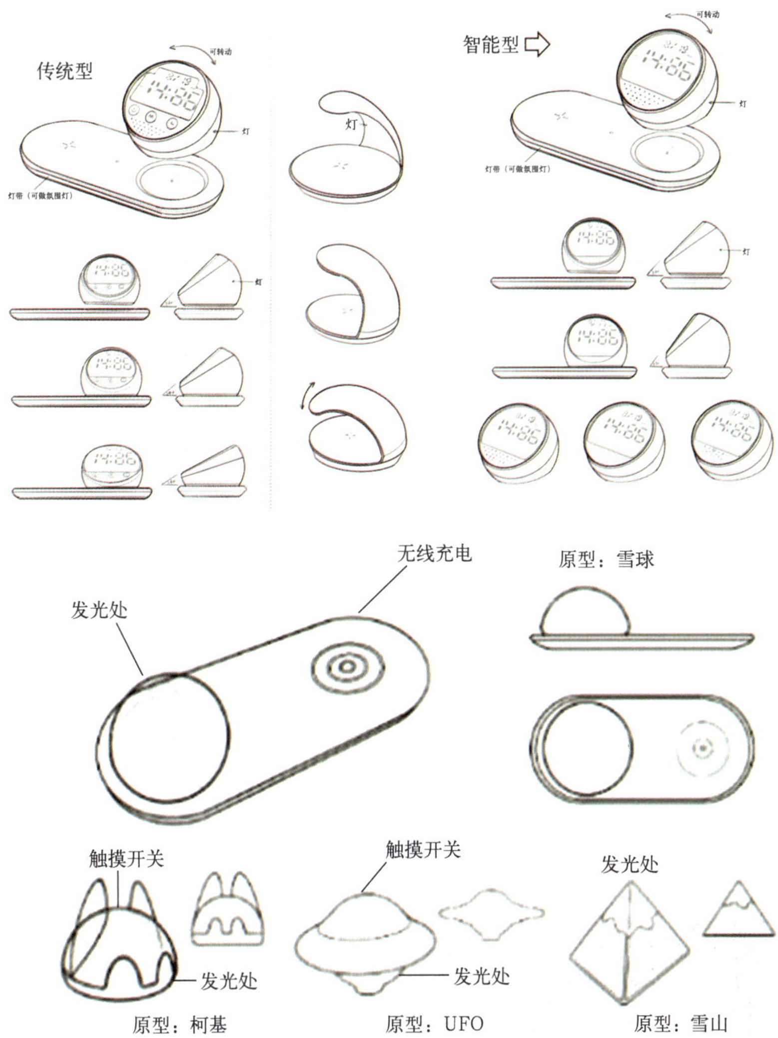


图 2-15 头脑风暴方案草图 / 刘子煜

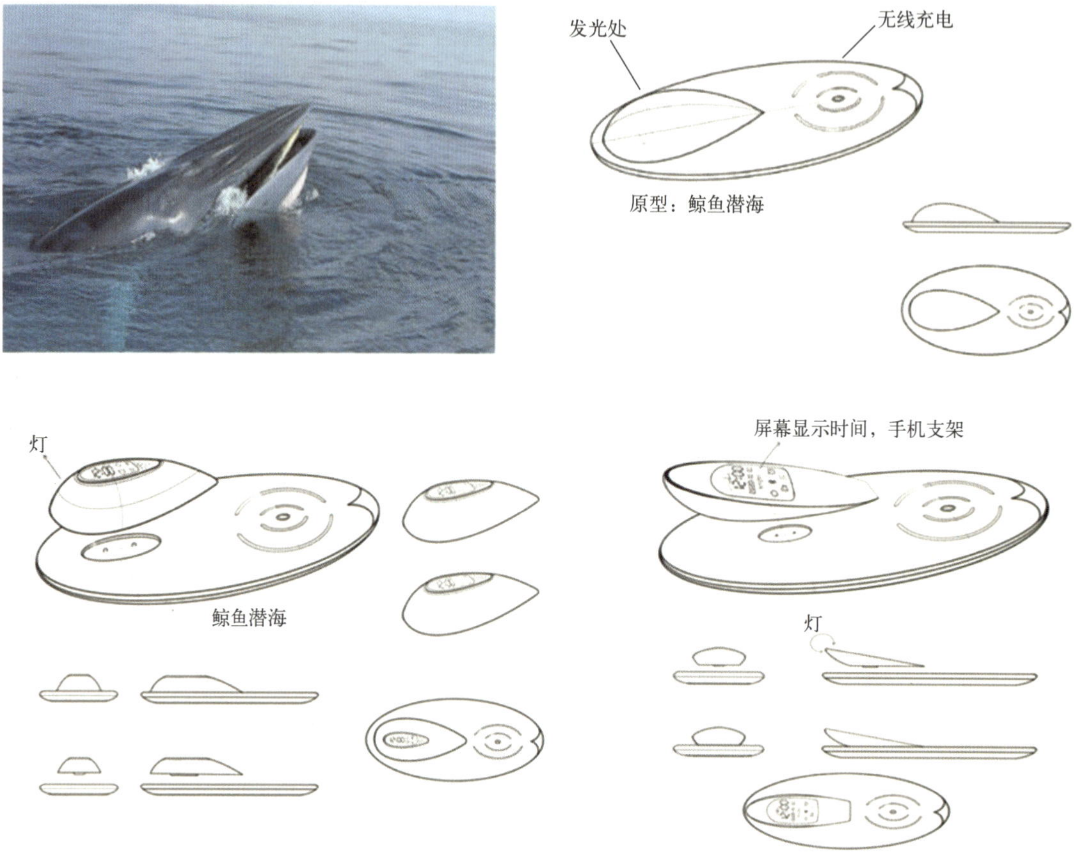


图 2-16　鲸灯灵感来源 / 刘子煜

利用鲸鱼上浮和下潜的特性以及流线型的形态进行仿生设计，为夜灯添加无线充电及时钟功能。

### 2.3.2.2　产品建模及效果展示

在鲸鱼形态的基础造型上添加功能模块，对产品模型细节进行完善和微调后，根据渲染和整体效果，配色上选择简约白作为最终呈现，并对功能模块、规格参数、设计内容做出说明（图2-17和图2-18）。

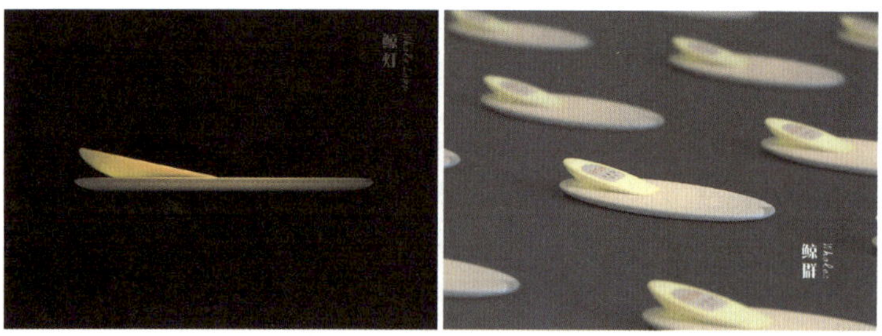

图 2-17　鲸灯细节展示 / 刘子煜

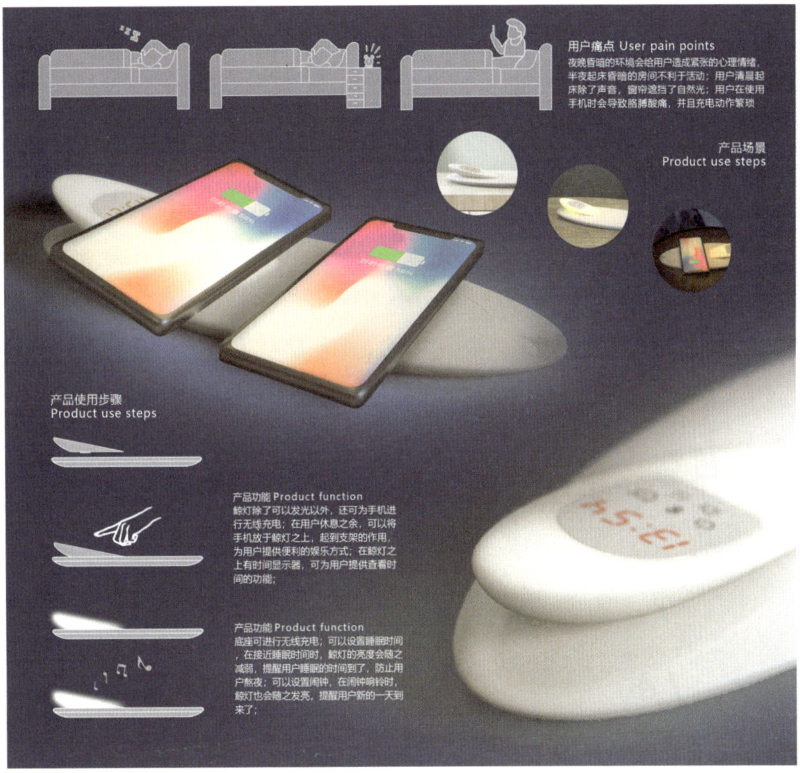


图 2-18　鲸灯效果演示 / 刘子煜

根据国家标准继续调整鲸灯的形态（图2-19）。

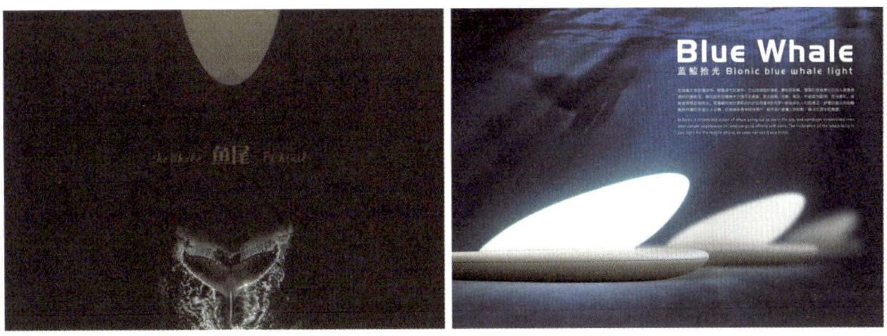


图 2-19　鲸灯迭代设计产品效果 / 刘子煜

## 2.3.3 “简白”夜灯

### 2.3.3.1 产品手绘

前期绘制草图不考虑产品开发成本，利用头脑风暴等发散性思维方式和设计方法对产品进行初步创新和思路拓展，给出图2-20中的8个方案草图。

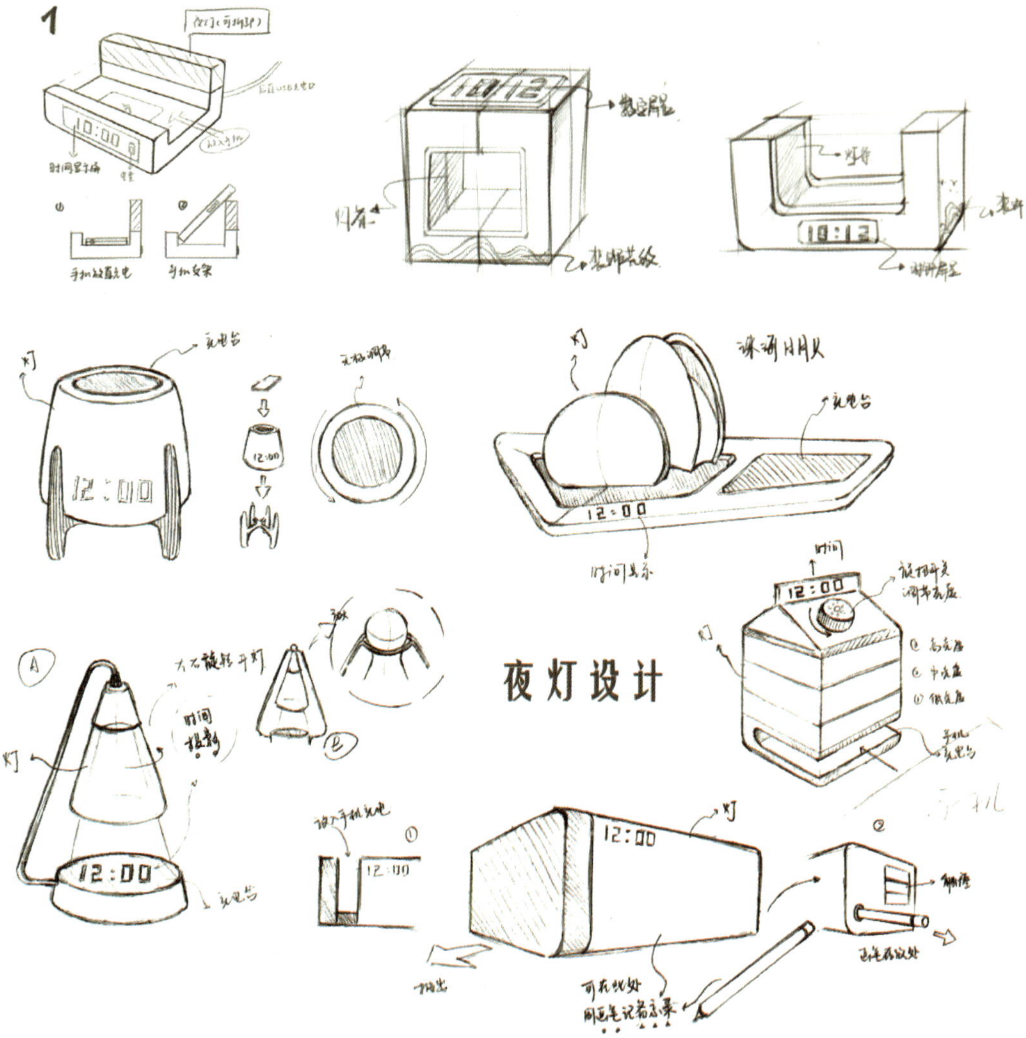


图 2-20 产品头脑风暴

在上述草图的头脑风暴后对方案进行筛选和修改，选择3个作为二次方案，比较并分析它们的优缺点。“海边”主题夜灯过于具象，简约风格的Collect夜灯和“简白”夜灯更符合批量生产的要求，最后选择“简白”夜灯作为最终方案进行深化，并绘制A3版面手绘稿，对产品具体的设计步骤、尺寸要求、设计说明做出详细介绍（图2-21）。

### 2.3.3.2 产品建模

在创意设计过程中，以“简白”作为核心设计理念，通过三维建模技术实现设计概念的具象化表达（图2-22），在保持简约美学的同时，确保产品的功能实现性，为后续开发奠定基础。

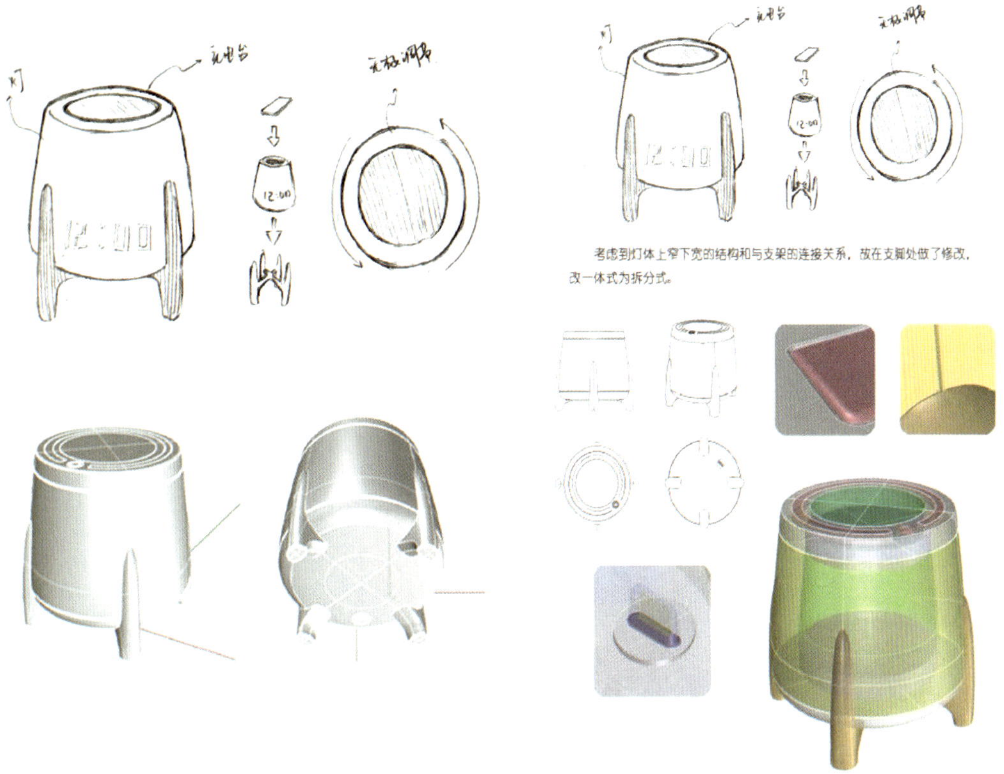


图 2-21　草图深入 / 温雨柔

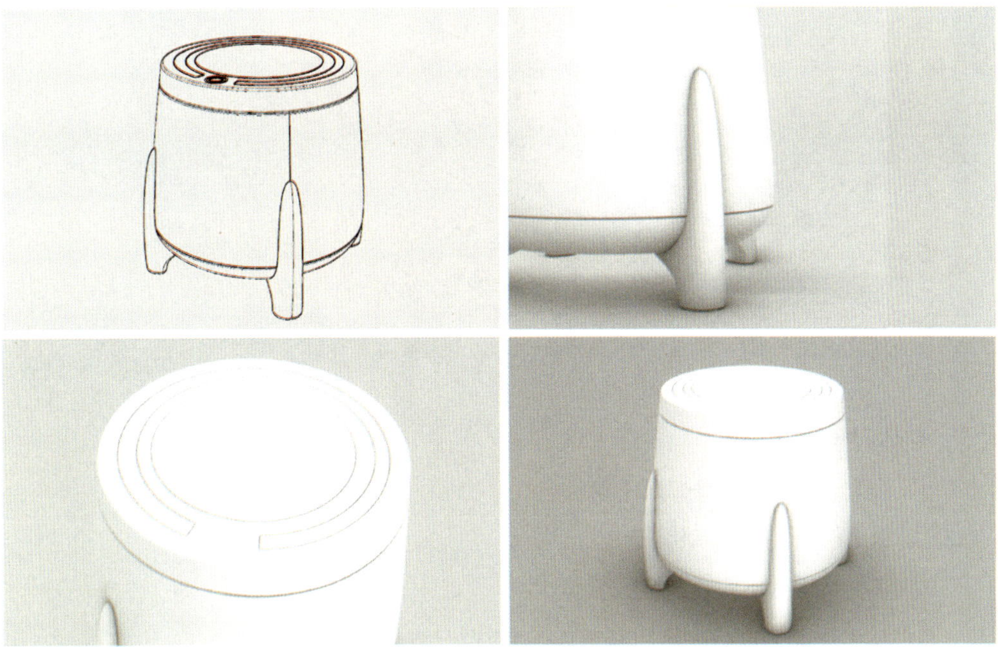

图 2-22　“简白”夜灯建模初期效果 / 温雨柔

接下来进入系统化的细节推敲阶段（图2-23），具体包括形态语言精细化设计、功能结构深化设计，从生产制造、装配环节等方面进行细节优化，为小批量试产做准备。

1
缺少充电台
细节

2
灯光不够自然、
不真实

3
完成

图 2-23　“简白”夜灯建模细节推敲 / 温雨柔

**整体问题：**

① 比例失衡，部件连接处不流畅；

② 缺少细节，线条过硬；

③ 缺少分模线、过渡部件、功能件。

对产品模型细节进行完善和微调后，“简白”夜灯的最终展示效果如图2-24和图2-25所示，成品使用展示如图2-26所示。

图 2-24　“简白”夜灯设计思路 / 温雨柔

图 2-25　“简白”夜灯效果展示 / 温雨柔

图 2-26　“简白”夜灯使用展示 / 温雨柔

## 2.3.4 设计评价及展望

以上产品案例为武汉科技大学艺术与设计学院2019级曾可心、刘子煜、周美琪、齐彦菲、温雨柔等同学的课程训练作品。除去基础的设计问题，本次实训更注重的是产品从草图到模型呈现的修改、完善以及方案产品化的过程，需从脱模难度、产品创新及成本控制等多个方面不断优化设计，进行各种尺寸的精微调控。将学习的理论知识运用于实践当中，培养学生发现问题、解决问题的能力，分析产品构成和产品升级转型的内在关联性。

小夜灯能使我们在夜间休息期间更方便地移动，还可以根据用户的需要营造一定的氛围。随着科技的迅速发展，小夜灯更加智能化，既能满足用户在进行电子产品充电时希望充电的便捷性能提高的需求，还可以针对场景自动生成并运行适合家庭的照明方案，实现智能调光、色温调节、群控、场景模式等复杂功能。除此之外，小夜灯在室内不同的区域起着不同的作用，这也为产品的创新不断地提出新要求。

## 课后思考题

小夜灯这类产品的设计趋势正从“单一工具”转向“场景化解决方案”，这类产品通常要具备辅助功能与装饰性结合、低功耗场景化应用、用户情感化需求满足、安全性与美观并重等特征，试从“家用加湿器”这一产品品类来对比分析两者设计要点的异同，并给出创意方案。

# 实训 3

## 无叶风扇设计

## 课前训练

**内容：**查阅资料，理解无叶风扇的工作原理；分析无叶风扇与传统风扇的区别，列举出2～3点无叶风扇的优势；收集市面上4～6个已有的无叶风扇，分析其3～4个主打优势。

**注意事项：**对于收集的案例需要进行分类。

## 要求和目标

**要求：**

① 明确中华人民共和国轻工业行业标准（QB）；

② 了解中华人民共和国轻工行业标准《无叶风扇》（QB/T 5578—2021）；

③ 在设计过程中除了发挥创新精神，不断探索新技术、新材料、新工艺之外，更需要牢牢掌握产品设计的相关规范，确保设计行之有效。

**目标：**学习本章之后，学生能够根据无叶风扇的国家轻工业行业标准展开有效设计。

## 本章要点

国家标准（GB）与国家轻工业行业标准（QB）之间的区别与优先级。

## 实训目的

无叶风扇又称空气增倍机。相较于传统风扇，无叶风扇没有叶片，因此拥有以下几点优势：①不会积聚尘土；②不会因儿童好奇而伤到手指；③噪声更小。无叶风扇逐渐占据一定的市场，其设计需求也在逐步增加，了解其设计规范，对该类型产品进行有效设计，是当代设计师的必修课之一。

## 3.1 案例导入

【案例】戴森无叶风扇（图 3-1）

图 3-1 戴森无叶风扇

观察案例，思考以下问题。

① 无叶风扇的送风原理是什么？

② 戴森无叶风扇是如何实现转向的？

③ 你认为无叶风扇由哪些构件组成？可以进一步简化吗？

④ 无叶风扇作为较新颖的设计产品，有与之对应的国家标准吗？

⑤ 你认为无叶风扇属于什么价格定位？在材料工艺方面应该如何取舍？

### 3.1.1 工作原理

顾名思义，无叶风扇就是没有叶片的风扇。那没有了叶片，风从何处来？

无叶风扇的工作原理如图 3-2 所示，利用汽车涡轮增压中的技术，通过底部的吸风孔吸入空气，然后通过圆环边缘内部隐藏的一个叶轮把空气以圆形轨迹喷出，最终形成一股不间断的冷空气气流。由于空气是被强制从这一圆圈里吹出来的，所以通过的空气量可增加15倍，空气流动的速度可达35km/h。由于没有扇片来“切割”空气，所以无叶风扇产生的空气流动比普通风扇产生的风更加平稳。

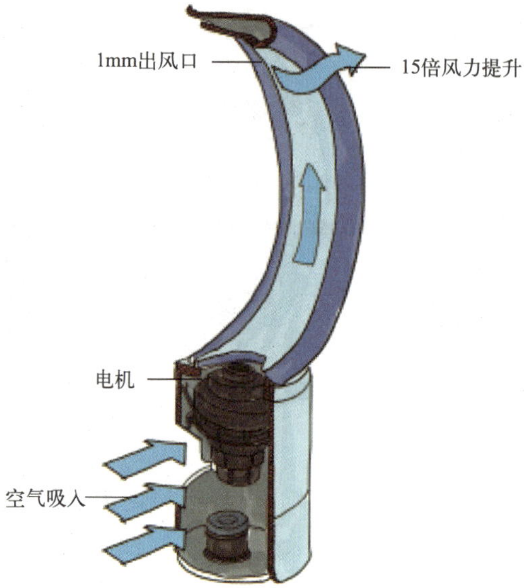


图 3-2　无叶风扇的工作原理

## 3.1.2　结构模块

在学习了无叶风扇的工作原理后，进一步观察戴森无叶风扇可以发现，无叶风扇虽然在造型上与传统风扇相差甚远，但在结构上还是有着不少相似之处：首先是装有电机的底座，还有对应的开关等部件；其次是进行空气循环的轨道；最后是实现转向的连接部件。在戴森无叶风扇中，将风扇部分与底座结合，用两个连接件分别实现了转向与转角功能（图3-3）。除此之外，还可以视设计需求增加支架，用于增高无叶风扇。

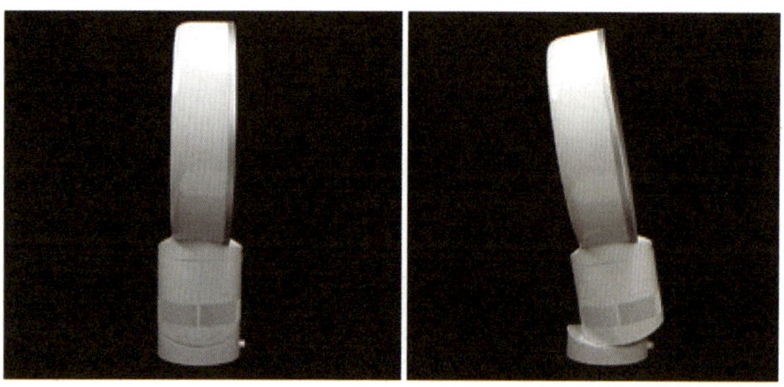

图 3-3　无叶风扇的转角方式

## 3.1.3 行业标准

随着时代的发展、科技水平的提高，产品更新迭代较快，但国家标准的制定需要经过严格的斟酌与审核，而产品生产规范又是保护消费者人身安全和财产安全的重要保障，因此，我国出台了行业标准。

行业标准是对没有国家标准而又在全国某个行业范围内需要统一的技术要求所制定的标准。同时，行业标准不得与国家标准相抵触。相关行业标准应保持协调、统一，不得重复。行业标准在相应的国家标准实施后即行废止。行业标准由行业标准归口部门统一管理。

与国家标准不同的是，行业标准均为推荐性标准。

### 3.1.3.1 参数要求

无叶风扇的参数要求见表3-1和表3-2。

表3-1 QB/T 5578—2021片段

| 额定参数 | 额定电压：单相220V | 额定频率：50Hz/60Hz |
|---|---|---|
| 风量 | 无叶风扇在额定电压、额定频率和最高转速挡位运转时，其实测风量与制造厂标称风量比较，可有-10%的允差（允差上限不作规定） | |
| 噪声 | 无叶风扇的A计权声功率级噪声实测值与明示值的允差不应超过+3dB（A） | |
| 电动机 | GB/T 12350 | |
| 电容器 | GB/T 3667.1、GB/T 3667.2 | |
| 器具开关 | GB/T 15092.1 | |
| 连接线 | GB/T 5023.5 | |
| 电源线插头 | GB 1002、GB/T 2099.1 | |

表3-2 无叶风扇摇头机构要求（QB/T 5578—2021）

| 水平摇头频次 | 应有一个速度或者角度，使其每分钟水平摇头次数不少于2次 |
|---|---|
| 摇头角度 | 应有一个位置，使其摇头角度不小于60° |
| 摇头机构质量要求 | 摇头机构转换装置经100000次操作试验后，其零件不应损坏，调节不应失灵 |

### 3.1.3.2 风量试验

**（1）风量实验室尺寸**

在风量实验室内进行试验，实验室尺寸要求见表3-3，实验室示意如图3-4所示。

表3-3　无叶风扇风量实验室尺寸要求

| 风扇类型 | 等效扇叶直径≤ 400mm | 等效扇叶直径 > 400mm |
|---|---|---|
| 长度 | 4500mm | 6000mm |
| 宽度 | 4500mm | |
| 高度 | 3000mm | |

注：表中所列尺寸允许有 ±15mm 的误差。

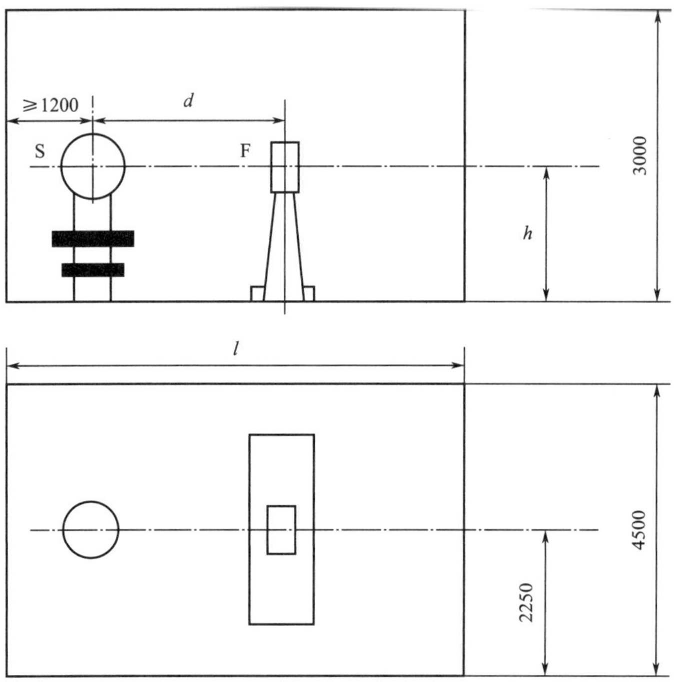


图 3-4　风量实验室示意

S—试样；F—风速表；*l*—长度；*d*—测试距离；

*h*—无叶风扇出风口中心距地面的高度；单位为毫米（mm）

### （2）样品放置

被测无叶风扇出风口中心相对于地面的位置应满足表3-4的要求。

表3-4　样品中心放置要求

| 风扇类型 | 等效扇叶直径≤ 400mm | 等效扇叶直径 > 400mm |
|---|---|---|
| 与地面的高度 | ≥ 1200mm | ≥ 1500mm |
| 与前墙墙面的距离 | ≥ 1800mm | ≥ 4000mm |
| 与两侧墙墙面的距离 | 2250mm | |
| 与后墙墙面的距离 | ≥ 1200mm | |

（3）试验程序

试验前，将被测无叶风扇在额定电压、额定频率下至少运转1h。

测量时，无叶风扇竖直摆放，摇头机构和回转机构不工作，并在最高转速挡位运转。

试验时，在无叶风扇送风的一边，除放置风速表及其搁架外，不应放置其他物品。试验过程中，试验人员可在无叶风扇进风一边停留，仅在操作风速表和读取数据时，才可进入无叶风扇的送风一边，并需尽快返回。

通过移动装有风速计的气流试验台的臂架来进行测量，臂架位于风扇出风口的中间高度处。风量试验测量布置如图3-5所示，如果风速计布置在*Y*轴上，则臂架沿着*X*轴移动；如果风速计布置在*X*轴上，则臂架沿着*Y*轴移动。

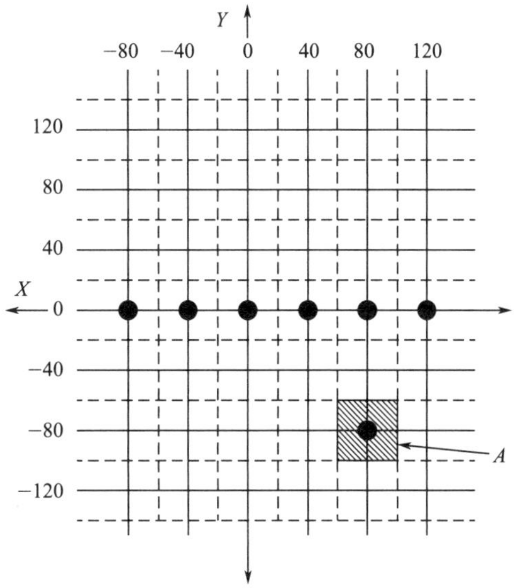


*A*—测量点附近用于计算风量的面积

图3-5　风量试验测量布置

当风速计沿*X*轴布置时，臂架沿*Y*轴向上移动40mm，直到所有风速计测量的风速都不超过24m/min；然后臂架返回其起始位置，再沿Y轴向下移动40mm，直到所有风速计测量的风速都不超过24m/min。

当风速计沿*Y*轴布置时，臂架沿*X*轴向左移动40mm，直到所有风速计测量的风速都不超过24m/min；然后臂架返回其起始位置，再沿*X*轴向右移动40mm，直到所有风速计测量的风速都不超过

24m/min。

测量风速的时间不少于1min。对于每一个测量点，速度读数使用算术平均值，在至少60s的采样周期内平均，采样率至少为2Hz。

（4）风量计算

无叶风扇的风量等于每个单独风速乘以每个正方形面积的总和，见公式：

$$\sum Q=\sum_{i=0}^{N}(U_i \cdot A)=\sum_{i=0}^{N}(0.0016U_i)$$

式中 $\sum Q$——无叶风扇的风量，$m^3/min$；

$U_i$——每个风速表的读数，m/min；

$A$——正方形的面积，$m^2$；

$N$——风速超过24m/min的正方形的个数。

**提示：**尚无国家标准的情况下可以参考行业标准。可以说，国家标准是行业标准的基础，行业标准是国家标准的试行方案。

## 3.1.4 竞品分析

观察不同国家及品牌的无叶风扇的价格分布，分析其市场定位，推测产品的主要优势及其核心功能，见表3-5。

表3-5 无叶风扇竞品的主要价格分布表

| 参考价格 | 英国 | 日本 | 日本 | 韩国 | 中国 | 中国 | 中国 | 中国 |
|---|---|---|---|---|---|---|---|---|
| | 戴森（图3-6） | 松下（图3-7） | 爱丽丝（图3-8） | 现代 | 美的（图3-9） | 志高 | 长虹 | TCL |
| 0～299元 | | | | √ | | √ | √ | √ |
| 300～499元 | | | √ | √ | √ | √ | | |
| 500～999元 | | √ | √ | | √ | | | |
| 1000～1699元 | | √ | | | √ | | | |
| 1700～3199元 | √ | √ | | | | | | |
| 3200～4199元 | √ | √ | | | | | | |
| 4200～6690元 | √ | | | | | | | |

图 3-6　戴森无叶风扇 AM07

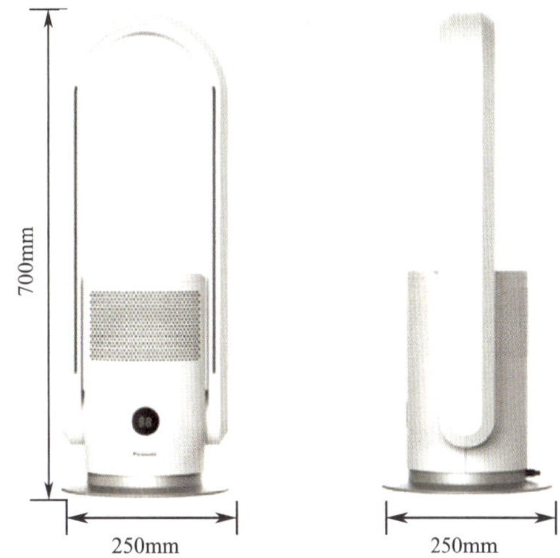


图 3-7　松下无叶冷暖风机

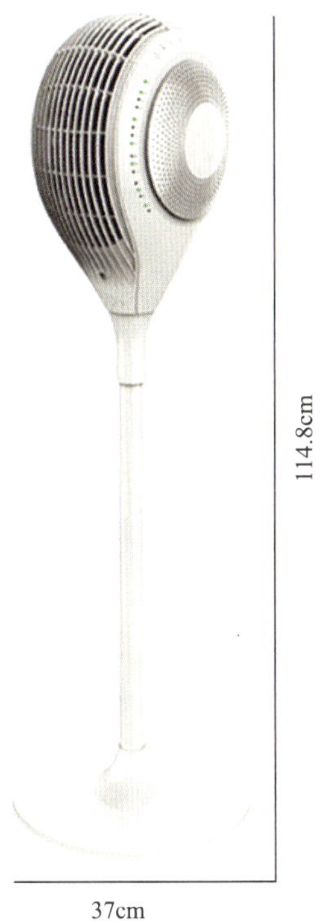


图 3-8　爱丽丝风球塔扇 IDF-01C

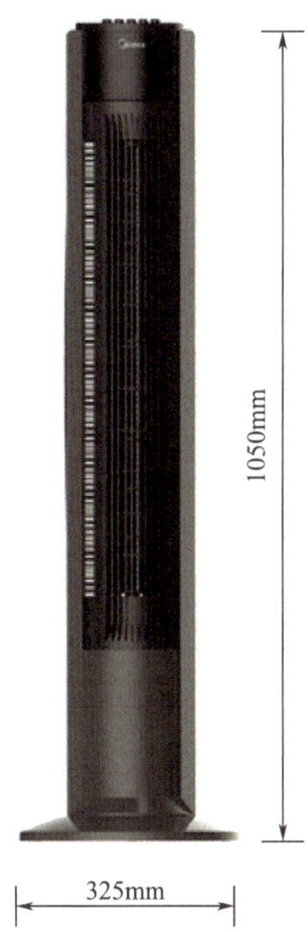


图 3-9　美的无叶风扇 FZA10XB

**提示：**产品定位与市场定位决定了产品的制作工艺、主要材料以及售价。

## 3.2 实训步骤

接下来，请以无叶风扇为主题进行产品设计实训。

### 3.2.1 产品定位

根据所学，思考产品定位及目标用户，以明确产品的设计方向。

### 3.2.2 产品草图及尺寸

根据设计规范画出产品的主视图及三视图，并且单独绘制无叶风扇的转向及转角方式。在完成主视图及三视图草图后，思考产品的主要使用场景，在三视图上标注产品尺寸。

### 3.2.3 产品材质及工艺

根据所学，比较不同材质及工艺的成品效果，为后续方案的筛选与深化提供参考，包括了解工艺成本。

### 3.2.4 产品建模要求

① 产品需要有明确的空气循环轨道；

② 包含开关一个（可触控，可按键）；

③ 底座可容纳电机结构（自行查阅具体电机尺寸）；

④ 建模曲线曲面连续性为G1/G2；

⑤ 产品模型须有厚度与内部构造；

⑥ 产品能满足转向及转角功能。

完成后，根据设计反馈（教师或企业）进行修改，要求完成产品展板一张。

**展板要求：**将作品文件编排于单幅A3幅面，竖式，像素为300dpi，文件格式为JPG，色彩模式为RGB/CMYK，文件大小不超过10MB；展板内容包含产品三视图、尺寸图、产品色彩搭配图、产品效果图、场景效果图。

## 3.3 产品设计实例

### 3.3.1 设计切入点

无叶风扇是一次技术革新，戴森在全球首次推出无叶风扇之后，类似产品纷纷出现。除去技术层面，戴森无叶风扇在保证功能的前提下，做到了最简约的外部设计，没有多余的复杂曲面，极简的造型设计能够满足最合理的出风方式，材质的选择和颜色的搭配也与风扇给人带来的凉爽感觉相符。在这种情况下苦思冥想一个独一无二的造型是没有太多意义的。因此，将为产品附加额外功能作为主要的设计切入点。

### 3.3.2 设计思路

**（1）创新**

为风扇附加夜灯功能。传统的风扇是没办法变成照明设备的，而无叶风扇为这种功能提供了空间，只要在设备顶部添加LED光源，光就会在设备的内侧面投射下来，形成一盏很大的“灯”。

**（2）使用场景**

在夜间起来时，使用台灯或顶灯存在刺眼及摸黑寻找开关的问题。为能够被遥控的无叶风扇附加小夜灯功能，能够较好地解决以上两个问题。该形式也是一种新颖的照明方式，结合简约美观的造型，带有小夜灯功能的无叶风扇能作为装饰氛围灯吸引年轻群体购买。

**（3）产品配色**

灰白色（光带为橙色或蓝色）。

**（4）主要材质**

漆面质感的工程塑料或类肤质感的漫散射材料。

**（5）基础功能**

冷暖风，可转向，3挡风速调节，可蓝牙遥控。

### 3.3.3 产品效果图

无叶风扇Light的效果展示如图3-10～图3-12所示。

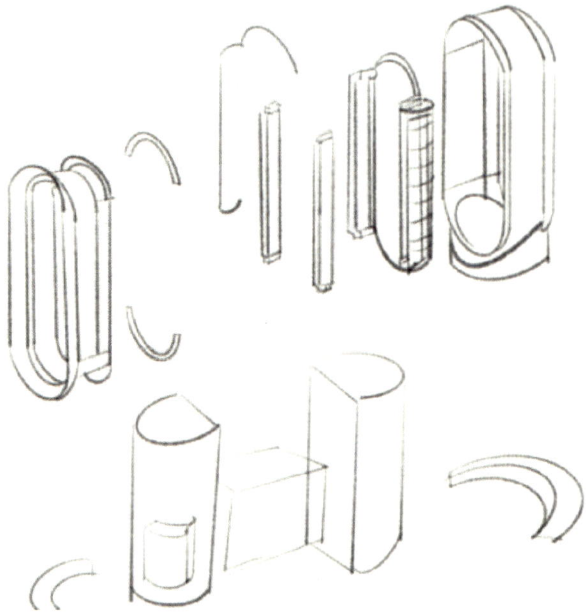

图 3-10　无叶风扇结构爆炸草图

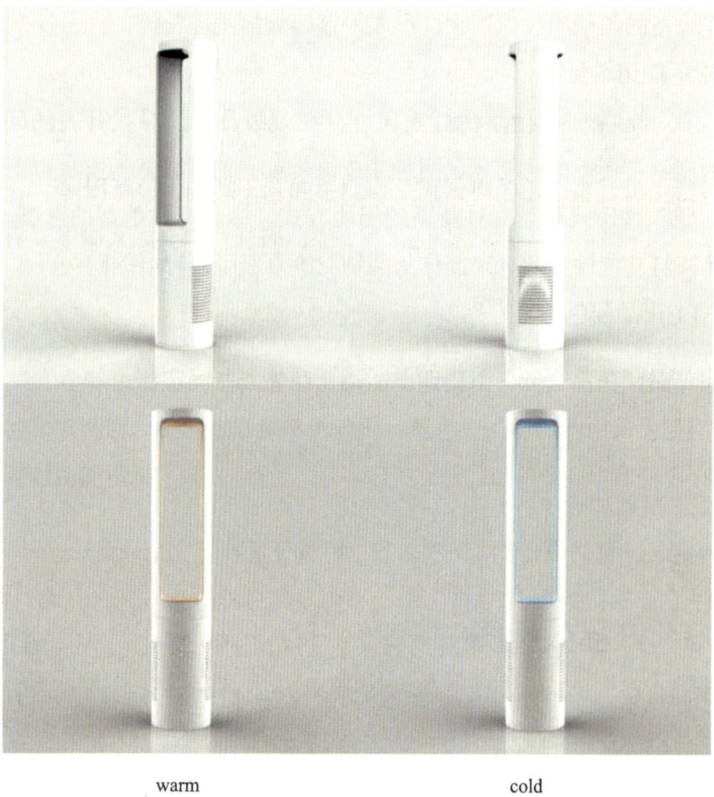

warm　　　　　　　　cold

图 3-11　无叶风扇 Light 外观效果

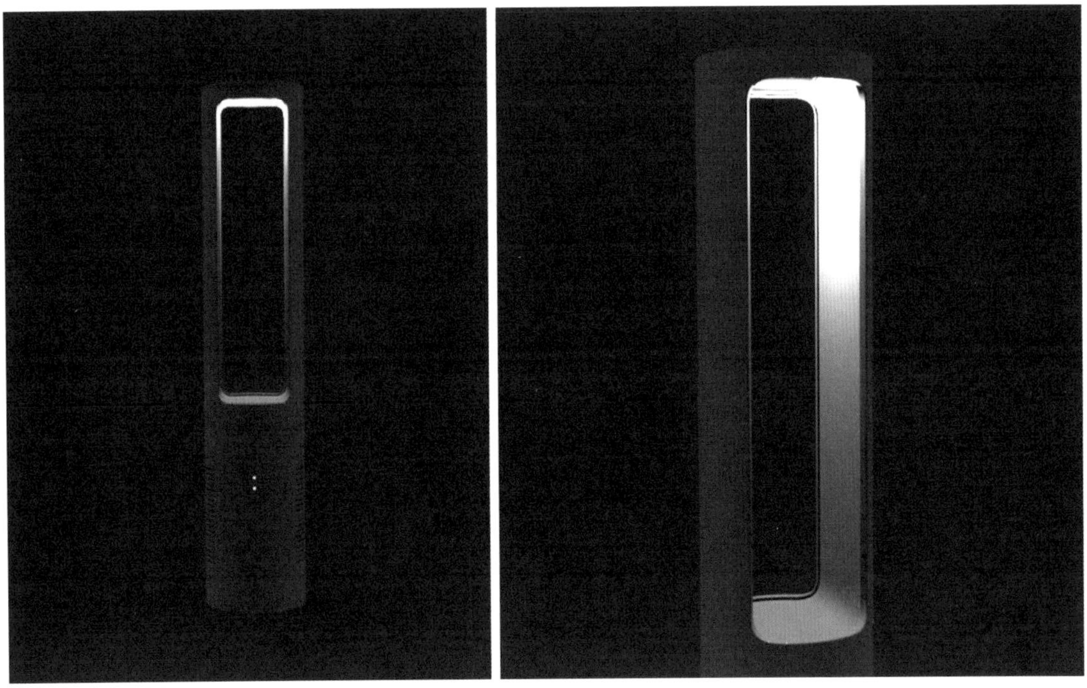

图 3-12　无叶风扇 Light 夜间效果

## 3.3.4　设计评价

什么是合适的产品形态呢？

现今，人们在对产品的选择上越来越重视情感因素的存在。讲故事，对产品的形态加以象征性的描述，似乎成为很多设计的出发点。可产品终究不是个人理想的产物，为了使大多数人能够接受，选择令人熟悉的形态要胜过复杂的设计。

对于无叶风扇这样的新科技家电，设计思考的起点应是：这种人们所不熟悉的新产品，应该以什么姿态、以什么使用方式、带来什么样的使用体验、出现在什么样的体验场景之中，才能像传统风扇一样被人们慢慢印刻在脑海之中。

这种深刻的印象不仅是受视觉形态影响的，更多的是对产品使用的感受，优秀的体验会让人们记住这个产品。该设计把光带隐藏于出风口内侧（图3-13），每当用户打开机器切换冷暖风时，带有温度的颜色就会慢慢从夹缝中溢出，给人们营造出一种视觉上的交互体验，从而增加人们对它的好感。

图 3-13　无叶风扇 Light 产品细节

## 课后思考题

请为无叶风扇继续创造3种以上的形态设计方案，使设计兼具熟悉感与科技感，并通过交互反馈（如动态光效、气流可视化）增强情感连接，使其在客厅、卧室等场景中自然融入用户生活。

# 实训 4

## 扫地机器人设计

## 课前训练

**内容：** 选取几款不同类别的扫地机器人，从中挑选出你最喜欢的产品外观造型，用3～5个形容词描述它给你带来的感觉；根据产品属性分类解读，包含形态要素解读、功能解读、部件之间的结构解读、材料工艺解读、企业背景下的视觉要素解读等；通过产品本身的造型、结构、图案符号猜测它的工作原理及其主要构件，画出它的三视图并标明产品尺寸。

**注意事项：** 注意三视图绘制规范及产品尺寸通用单位。

## 要求和目标

**要求：**

① 理解功能主导的设计；

② 理解产业与设计之间的关系；

③ 理解企业背景下的产品设计原则；

④ 理解材料工艺与产品形态设计之间的关系，选择合适的材料与工艺来实现设计目标，通过巧妙的结构设计来弥补材料性质的不足；

⑤ 了解相关标准，扫地机器人性能要求见IEC/ASTM 62885-7：2020。

**目标：** 学习本章之后，学生能够根据扫地机器人的标准展开有效设计，了解从概念产生到产品量产落地需要经历哪些步骤。

## 本章要点

在产品的外观设计中应综合考虑产品的使用场景和功能特点，以及产品形态和使用者、使用环境之间的协调关系。

## 实训目的

机器人扫地活动来源于生活的实际需求，扫地机器人的学习是在超声波传感器实践应用的基础上展开的。本实训要求学生熟悉扫地机器人的结构和工作原理；熟悉扫地机器人的设计过程与方法；结合机器人直行程序进行避障程序的学习，综合应用传感器和电机的相关知识，设计能实现避障和清扫操作的扫地机器人。

# 4.1 案例导入

【案例】米家扫拖机器人 3C（图 4-1）

图 4-1　米家扫拖机器人 3C

观察案例，思考以下问题。

① 产品由哪几个部件构成？

② 产品外壳采用的主要材料是什么？

③ 扫地机器人的工作流程是什么？

④ 扫地机器人的种类有哪些？

⑤ 扫地机器人有什么特别的功能要求和设计规范？

## 4.1.1 场景分析

扫地机器人的应用场景主要以居家为主，大部分是圆形（极少部分是前方后圆），高度在15cm以下，直径为30～40cm。扫地机器人的高度比宽度或直径更为重要，以方便打扫低矮空间的地面，例如床下、沙发下、电视柜下等。为避免扫地机器人在低矮空间中被卡住，设计时最好留有余量。例如，扫地机器人的高度是8cm，那么家中最矮的低矮空间至少要大于8.5cm、小于7.5cm。

### 4.1.2 功能选择

扫地机器人，又称自动打扫机、智能吸尘器、机器人吸尘器等，是智能家用电器的一种，能凭借一定的人工智能，自动在房间内完成地板清理工作。一般采用刷扫和真空吸尘的方式，将地面杂物吸入自身的垃圾收纳盒内，从而完成地面清理。一般来说，可将完成清扫、吸尘、擦地工作的机器人统称为扫地机器人，目前扫地机器人具备以下功能。

**（1）清扫（拖）功能**

基本的功能一般由三个方面构成：吸力大小、扫地方式、拖地方式。

**（2）智能导航系统**

实现对房间地形的重构，自动规划清扫路线。

**（3）智能安全监测**

防缠绕和越障主要体现的是扫地机器人的脱困能力，而防坠落则是其自我保护能力的体现。

① 防缠绕主要是指扫地机器人在碰到地毯流苏、垂地窗帘以及电线等易发生缠绕的物品时，是否有防止缠绕的功能。

② 越障主要是指穿越房间与房间之间的障碍，比如略微高起的地面隔断、门槛等。

③ 防坠落则是在扫地机器人机身底部安装悬崖传感器，防止其跌落。

**（4）虚拟墙功能**

虚拟墙顾名思义是制造假墙的功能，能够将扫地机器人控制在一个空间区域内工作。

**（5）热风烘干**

在自动洗拖布的扫地机器人完成清洁后，可以用热风（一般温度是40℃左右）进行烘干，加快拖布晾干速度，防止拖布上滋生细菌。

**（6）其他基础功能**

自动返回并充电，灰尘盒安装检查、容量探测、除菌等。

### 4.1.3 相关标准

2020年10月，国际电工委员会发布标准《表面清洁器具–第7部分：家用或类似用途的干式清洁机器人–性能测量方法》（IEC/ASTM

62885-7:2020)，内容是关于家用或类似家用环境下的干式清洁机器人。该标准旨在明确规定干式清洁机器人的基本性能特征，并规定了这些性能特征的测量方法，但既不涉及安全要求，也不涉及性能要求。

IEC/ASTM 62885-7:2020标准替代了IEC 62929:2014标准，该版本构成技术修订，包含以下重大技术更改：

① 取消了矩形框测试；

② 扩大了一系列直线测试的范围，包括关于从硬地板和地毯上清除各种类型残渣的测试，还囊括了从地毯上去除纤维的测试；

③ 杂项测试中增加了一种测定能源消耗的方法；

④ 新增了一项关于测试材料和设备的单独条款。

## 4.1.4 竞品分析

分析扫地机器人竞品，见表4-1。

表4-1 扫地机器人竞品分析

| 产品名称 | 材料 | 类型 | 清扫模式 | 尺寸/mm | 参考价格 | 附加功能 |
|---|---|---|---|---|---|---|
| 科沃斯N8扫地机器人（图4-2） | ABS树脂 | 扫拖一体 | 滚刷式 | 350×350×93 | 1000～1500元 | App控制；定点清扫；断电续扫 |
| 石头T8 Plus扫拖机器人（图4-3） | ABS树脂 | 扫拖一体 | 吸口+滚刷式 | 353×350×96.5 | 2000～3000元 | App控制；地毯识别；沿边清扫；防毛发缠绕 |
| 小米全能扫拖机器人（图4-4） | ABS树脂+PC材料 | 扫拖自清洁 | 吸口+滚刷式 | 353×353×96.5 | 1500～2000元 | 地毯清扫方案；洗抹布集尘二合一，自动上下水；仿人手振动擦地 |

图4-2 科沃斯N8扫地机器人

图4-3 石头T8Plus扫拖机器人

图4-4 小米全能扫拖机器人

**提示：** 竞品分析报告不是单纯的数据堆砌，而是为了找到更优质的体验，了解用户需求和市场需求，获得决策支持及趋势感知。

## 4.1.5 结构设计

从结构组成来看，扫地机器人一般包括主机和充电座两部分（图4-5和图4-6）：主机部分由信号接收窗、显示屏、面板、旋转盖、万向轮、自动充电极片、电池盖、吸风通道、电源开关、底壳、尘盒、电源适配器插口、边刷、驱动轮等部件构成；充电座部分由信号发射器、信号接收器、充电极片、指示灯、电源适配器插口等部件构成。

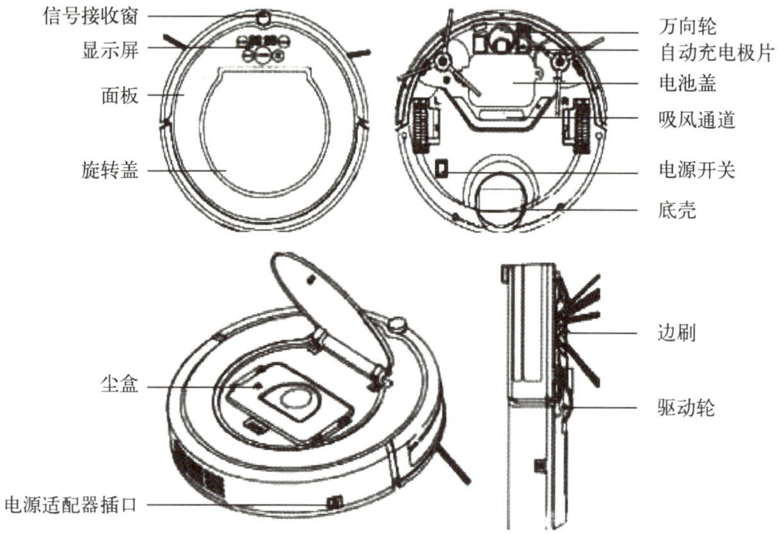


图 4-5 扫地机器人的主机部件

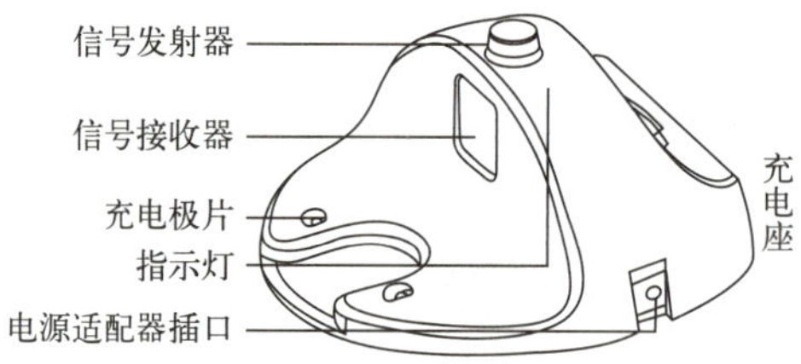


图 4-6 扫地机器人的充电座部件

从系统构成来看，扫地机器人包括导航系统、清洁系统、续航系统和交互系统（图4-7）。

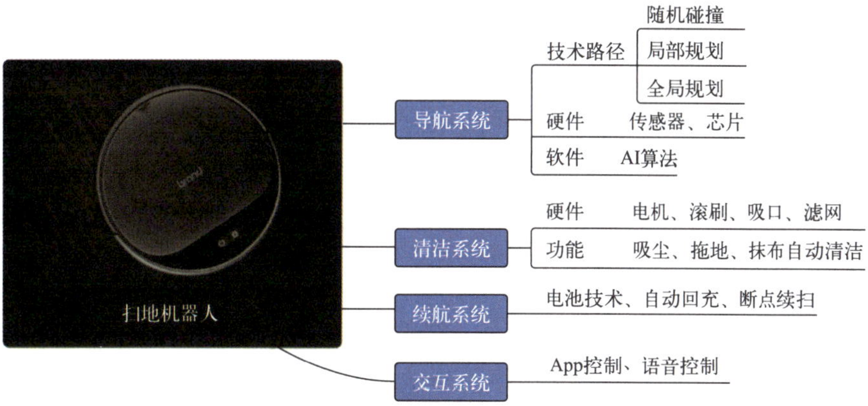


图 4-7　扫地机器人的系统构成

### （1）导航系统

导航系统包括主板（含微控制单元、算法芯片、存储芯片、电源管理芯片等）、驱动板、连接部件、万向轮、滚轮、传感器等，是机器人的“大脑”。系统中的各类传感器能实现空间和状态监测、避障、防跌落等功能，是机器人的“眼睛”。

① 空间传感器包括激光雷达、红外传感器、碰撞传感器、超声波传感器、图像传感器等，用来识别物体，侦测并判断家居物品及空间方位，进而实现路径规划功能。

② 状态类传感器包括下视悬崖传感器、磁传感器、在位传感器、电量计、湿度传感器、转速传感器等，能够实时监测机器人、尘盒、水箱、拖布、电池、电机等零部件的状态，发出提示、控制或自动实现某些功能。

③ 接触式厚度传感器安装在运动系统中，能够感知坡度和障碍物的高度，判断能否通行，给扫地机器人提供越障方案。

④ 平衡类传感器包括陀螺仪、电子罗盘、加速度计等，能够辅助机器转弯、过障，控制好速度和角速度。

### （2）清洁系统

清洁系统包括电机（拖扫、内滚、吸尘）、驱动板、连接器、边刷、滚刷、尘盒/集尘袋、水箱、滤网、抹布、排气管等，能够实现毛发、纸屑、灰尘、污垢等的拖扫吸功能。

### （3）续航系统

续航系统包括电池（可循环充电，镍氢电池或锂离子电池）、连接部件、充电器、充电座、回充传感器、无线充电模块等，用于保证机器人的正常供电和完成充电任务。

（4）交互系统

交互系统包括无线模块（Wi-Fi、蓝牙等）、语音模块（语音芯片、硅麦、喇叭等）、提示或指示灯（LED、数码管、显示屏等），用于实现与手机App端的连接与控制，工作、充电等状态的指示，与人工智能语音助手的连接等功能。

## 4.1.6 关键技术分析

通过对智能扫地机器人技术架构的解析，可以看出其核心技术由自主导航和地面清理两大部分组成：自主导航技术向来是移动机器人研究的重中之重，也是扫地机器人冠以“智能”二字的底气所在；而清扫技术，即扫灰、吸尘、湿拖、喷雾过程中所涉及的机电技术，也是其得名“扫地”的本钱。

### 4.1.6.1 自主导航技术

自主导航技术的研究目标是在无人为干预的前提下，使机器人能根据任务目的自主地完成移动，并在移动中完成任务。下面对智能扫地机器人自主导航系统的“室内定位”“路径规划”“传感器”三个关键技术点展开论述。

（1）室内定位

室内定位是在指定房间范围内确定机器人当前位置的技术。与户外定位相比，家用机器人的活动范围一般不会超过200$m^2$。根据室内定位的分类逻辑，移动机器人定位方法分为相对定位法、绝对定位法和组合定位法三类。

（2）路径规划

机器人路径规划是指根据已知条件和限定条件，规划一条满足任务要求的安全、有效、可行的路径。具体到智能扫地机器人，其已知条件是传感器所感知的外界参数，限制条件即室内活动范围，任务要求则是机器人以低重复率遍历环境中的全部非障碍区，满足这种任务要求的路径规划也称为全覆盖路径规划。全覆盖路径规划不仅在智能扫地机器人领域有所应用，在油漆喷涂、操场除草、路面铺沥青、智能犁地，甚至战场排雷、海底探测等诸多涉及“全覆盖”概念的军民技术领域都有所应用，并具有重要意义。

扫地机器人规划路线的方式主要有三种，分别是激光测距导航定位规划、视觉定位系统规划和图像式测算导航系统规划。虽然机器人路径规划的方式已得到了多领域、长时间的关注，但至今仍然没有最佳的路径规划方案。这是由智能扫地机器人的应用场景特点所决定的：环境的不确定性，即大部分区域为静态，局部区域为动态。在这样的环境下，机器人不仅要有绕过提前规划好的区域中的障碍的能力，还要有自主避障（此处特指具有不确定性的可变障碍）的能力。目前应用在扫地机器人领域比较常见的避障类型有3D TOF避障、3D结构光避障等，这些技术相对比较成熟，而视觉避障技术难度较高，目前还没有普及。

**（3）传感器**

目前，业界习惯上将智能扫地机器人上的传感器分为内部传感器和外部传感器两类：内部传感器一般用于检测自身状态，多为检测位置和角度的传感器；外部传感器一般用于感知外部环境，如距离传感器。外部传感器又可细分为接触式和非接触式两种，其中接触式主要是轻触开关一类的振动敏感元件，非接触式主要是测量距离的传感器。事实上，可以通过分析智能扫地机器人配置的传感器来得出其原理和功能，但传感器还受到自身品质性能、原理缺陷等的影响，所以其采集到的信息往往具有较大的不确定性，因此经常需要在一个系统中使用多种、多类传感器来相互补充、校准（图4-8）。

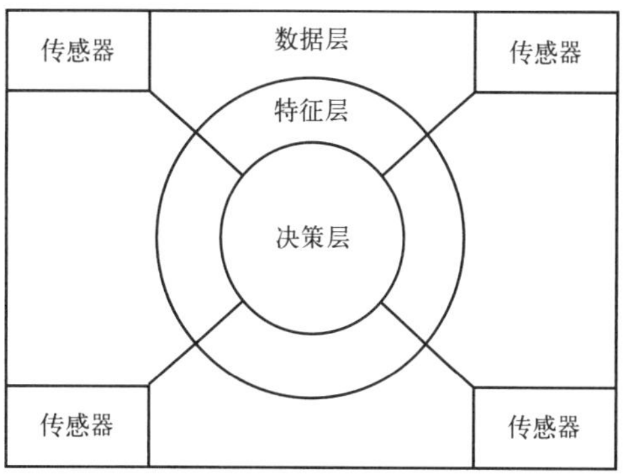


图 4-8　不同层次的多传感器融合

目前市面上主流的导航方式是激光导航和视觉导航。

激光导航：以激光作为导引，利用激光的准直性和不发散性对物体的位置进行精确定位，从而指导物体移动的方向。这种导航方式的精度比较高，定位更加精准，但是价格也较高，寿命相对较短。激光导航的缺点是很难探测到高反光率的物体，容易直接撞上去。

视觉导航：借助摄像机或传感器来收集和感知物体信息，性价比高，成本较低，但是对光线的要求比较高。

#### 4.1.6.2 地面清理技术

**（1）扫地方式**

扫地的主要部位是前端的边刷以及底部的清扫模块，底部的清扫模块分为吸口式、滚刷式、胶刷式三种。扫地机器人可能有很多内置的清洁模式，比如线性清洁、边缘清洁、螺旋清洁、交叉清洁、按键清洁等。它需要一台微型计算机来对不同的垃圾类型进行分类，微型计算机根据感应到的垃圾种类和数量来确定其所需的清洁方法。

**（2）拖地方式**

目前主要的拖地方式为普通方式、加压方式和旋转下压式三种。

### 4.1.7 产品工作原理及技术要求

扫地机器人由几个不同的功能模块组成，它们能够互相配合、协同工作，保证机器人顺利作业。扫地机器人的核心模块是中央处理器，它控制着其他功能模块。信息采集模块负责采集作业环境和机器人本身的各种信息。键盘模块和红外遥控接收模块负责接收控制信息，然后向处理器发送消息，由处理器进行处理。当接收到需要进行清洗作业的信号时，处理器会控制运行机制和清理机制，使机器人工作。在机器人工作的过程中，还可以通过液晶显示模块和状态指示模块对机器人的状态进行实时显示。扫地机器人的工作过程如下。

① 通过键盘或遥控器启动机器人，清理工作开始。

② 机器人一旦开始工作，中央处理器就运作起来，除尘机构开始运行，清理机构开始工作。

③ 检测模块开始收集外部信息，发送到处理器进行分析和决策，确定机器人的行走路径。

④ 当所规划路径需要机器人实现转向时，中央处理器要改变左右轮的速度，通过速度差来达到转向的目的。

⑤ 在工作期间，机器人可实时显示与清理作业有关的信息，如工作模式、工作时间或温度等。

⑥ 远程控制功能除了可以控制扫地机器人的开始和停止之外，还可以进行定时设置，即让机器人在一定时间内停止工作。

⑦ 扫地机器人安装了各种传感器，以获得室内环境和基本信息，如障碍物的位置及其移动距离；然后依据接收到的信息，选择相应的

路径，使用单片机作为控制系统的核心，判断障碍物并选择避障策略。

### 4.1.8 原型试制

扫地机器人的原型试制需要关注扫地机器人造型与结构的关系，并通过相关技术进行打样制作（图4-9），如油泥模型、3D打印（图4-10）、模具打样等。

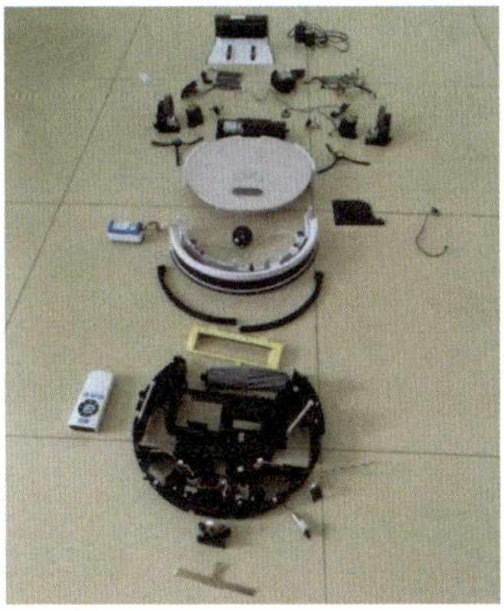

图 4-9 科沃斯扫地机器人原型制作

图 4-10 3D 打印机工艺

## 4.2 实训步骤

接下来，请以扫地机器人为主题进行产品设计实训。

### 4.2.1 产品及结构草图

设计时，结合所学的机械制图基础知识，画出产品的主视图、三视图、内部构件图，并标明尺寸。掌握产品构型及分析方法，并思考部件之间的连接方式及连接件的设计。

### 4.2.2 产品及部件尺寸

在完成主视图及三视图草图后，通过人机工程学和机械制图的基础知识及市场上常见产品的尺寸来思考产品设计尺寸，并标注在三视图旁，培养根据尺寸想象出物体内在形状和大小的读图能力。

### 4.2.3 创新功能

充分考虑客户需求，提供符合价值理念的完整解决方案，增加创新功能，如灰尘量识别、尖端气流滤尘技术、室内空气质量监测与提醒等功能。

### 4.2.4 产品建模要求

① 产品尺寸对标现有产品；

② 包含模块部件和内部构造；

③ 建模曲线曲面连续性为G1/G2，要有结构爆炸图及细节图。

完成后，根据设计反馈（教师或企业）进行修改，要求完成产品展板一张。

**展板要求：**将作品文件编排于单幅A3幅面，竖式，像素为300dpi，文件格式为JPG，色彩模式为RGB/CMYK，文件大小不超过10MB；展板内容包含产品三视图、尺寸图、产品色彩搭配图、产品效果图、场景效果图。

## 4.3 产品设计实例

### 4.3.1 概念设计阶段

根据厂家科技感强、时尚炫酷的设计需求，从外观设计、结构设计、材质选择、颜色搭配、人机操作等方面进行设计创新，提出概念设计。以下内容为第一次效果提案。

① 外观上，设计简洁，整体造型采用圆盘形设计，机身是无线设计；颜色以黑白为主，简约大气；顶部设计的盖子不使用锁扣，可直接翻开；正面有一个按键，没有屏幕，按键周围可以设计灯光；高度适中，能穿梭于桌子、衣橱等各个角落，不留死角，进行彻底清扫。产品模型部件草图如图4-11所示。

② 操作方式上，可直接通过机器上的按键进行控制，也可通过遥控器进行控制，还可以通过手机App进行控制，能提前预约打扫时间，调整清扫方式，并看到扫地机器人的清扫路线。

③ 材质上，选用高强度、抗冲击的材料，充电底座的材料要具有防火的特性，以保证使用的安全性；四周和底面采用磨砂处理，避免磕碰留下痕迹。

④ 前方设置感应器，可侦测障碍物，如果碰到墙壁或其他障碍物，

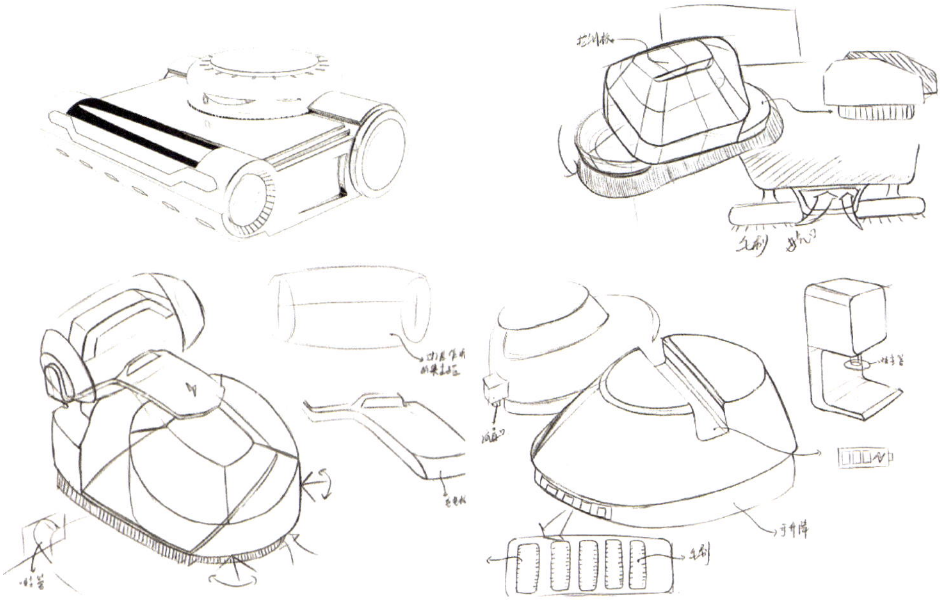

图 4-11　产品模型部件草图

扫地机器人会自行转弯，改变方向；LDS激光测距传感器能将获取的数据信息实时同步到处理器，处理器就像人类的大脑，会对数据信息进行分析整理，规划清扫路径，提高工作效率。

⑤ 内置可充电电池，电池容量要大，待机时间要长；当清扫过程中电池的容量低于20%时，扫地机器人会自行完成充电，无须人工处理，充电完成后，会继续清扫路径规划中未清扫好的区域。

扫地机器人的俯视图如图4-12所示，场景效果如图4-13所示。

图 4-12　扫地机器人俯视图

图 4-13　扫地机器人场景效果

## 4.3.2 深化设计阶段

优化设计，完善细节，统一设计元素，突出设计亮点。

对细节的把控能力是决定产品设计好坏的重要条件之一。在该实训步骤中，除了操作方式上的设计，即在顶部增加了按键，icon图标做发光设计，主要的设计优化集中在扫地机器人正面的分割形式以及正面与侧面的造型衔接方式。深化设计阶段细节设计的具体要求包括：防撞挡板的行程间隙为4～5mm，防撞橡胶条比塑胶壳凸起0.4mm，外壳的最高点比顶面高2～3mm，侧面增加探测障碍的红外线外壳，如图4-14所示。根据这些要求修改图4-13的方案后，扫地机器人的线条流畅圆滑，更具备功能条件和设计感，如图4-15所示。

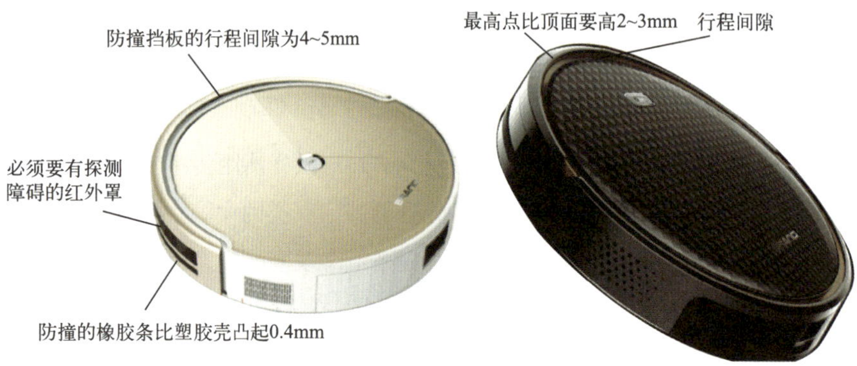


图 4-14　扫地机器人前期方案修改要点

图 4-15　扫地机器人方案修改后效果

## 4.3.3　设计定稿阶段

根据生产及工艺要求完善所有细节，确定最终效果图、工艺图、配色图（图4-16～图4-18）。

图 4-16　扫地机器人效果图

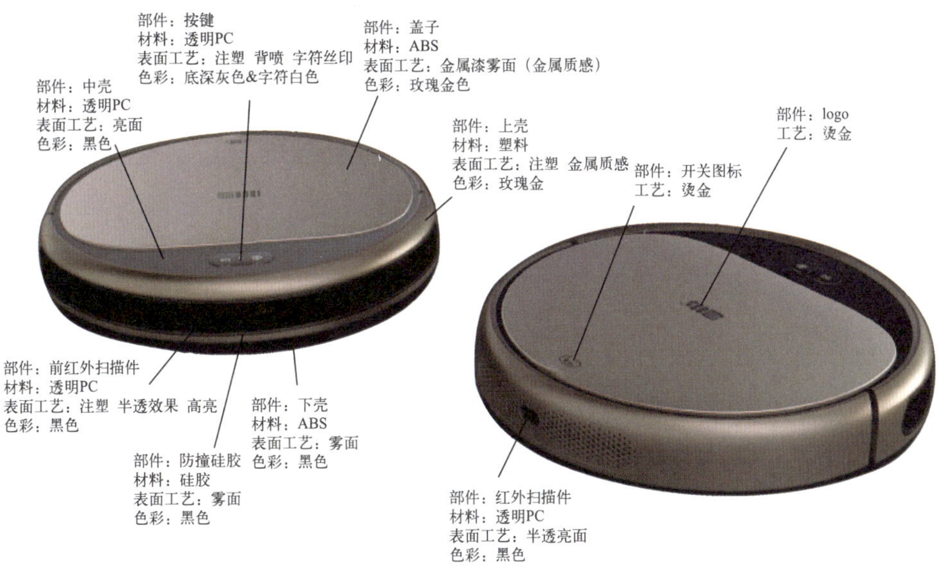


图 4-17　扫地机器人工艺图

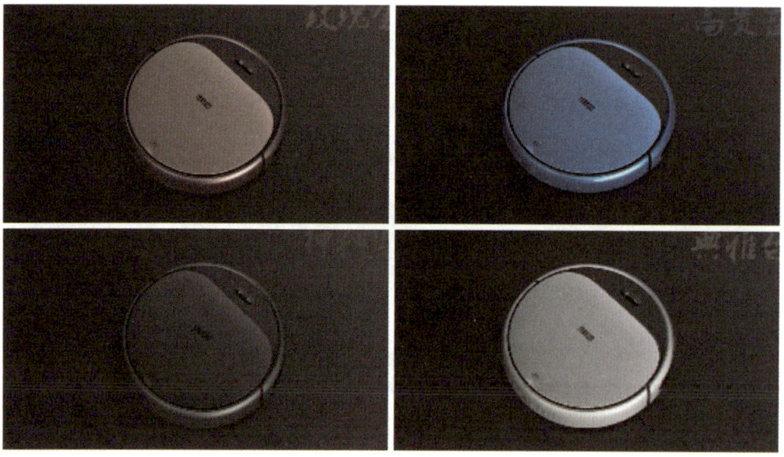

图 4-18　扫地机器人配色图

### 4.3.4　外观手板阶段

根据生产工艺图和丝印图，制作外观手板（图4-19和图4-20）。

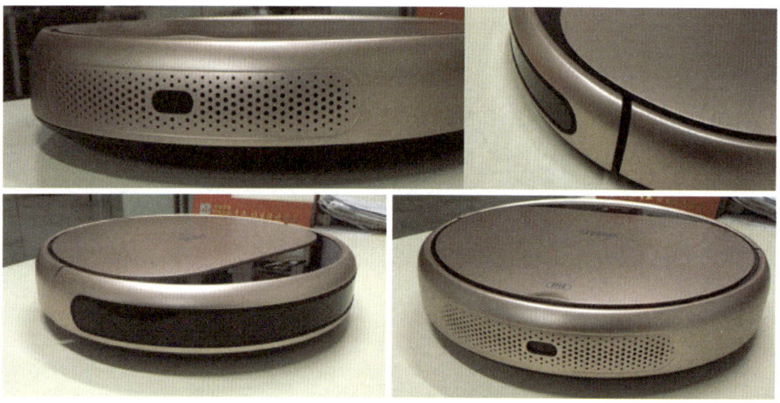

图 4-19　外观手板细节展示

图 4-20　外观手板整体效果

## 4.3.5 结构设计到试产阶段

对产品进行结构设计、模具设计后，进行小批量试产，检验结构，如图4-21和图4-22所示。

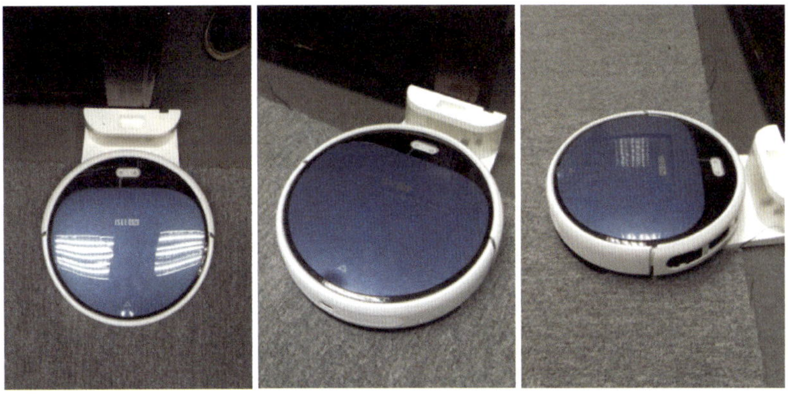

图 4-21 外观手板整体效果

图 4-22 IML 工艺效果

## 4.3.6 量产阶段

外观工艺处理，整机签样，确定出厂效果。

外观件签样除了确认产品的表面处理效果，还需要对其整体组装后的效果进行仔细确认，包括产品的接缝线、合模线等细节。当产品经历了材料认证、整机测试以及国家标准认证后，便可以对整机（包括包装）进行封样。到了这一阶段，工厂才可以着手进行批量生产。

## 4.3.7 总结与展望

智能扫地机器人曾被视为智能家居领域的明星产品，但近年来其市场热度逐渐降温，产品同质化现象日益严重，功能主要集中在自动清扫、智能避障、语音控制等方面。这种同质化使得消费者在选择时缺乏明确的差异化选项，导致消费者对品牌的忠诚度下降。随着智能家居市场的快速发展，消费者对产品的期待也在不断提高，除了基本的清洁功能外，用户更希望扫地机器人能够提供更具个性化、情感化的服务。随着物联网和人工智能技术的快速发展，智能家电正从单一功能产品向全场景智慧生态转型，用户体验、安全防护与适老化设计要求设计师在技术集成与人文关怀之间找到平衡点。

# 实训 5

## 发带式耳机设计

## 课前训练

**内容：**选取1款主流发带式耳机产品与其他开放式耳机产品进行研究分析，比较其声学性能、佩戴舒适度和设计理念，用专业术语描述其人机工程学设计、材料特性和声学结构特点，绘制产品的三视图并标注关键尺寸。

**注意事项：**注意三视图的投影关系、绘制规范及尺寸标注的完整性，所有尺寸采用国际通用单位毫米（mm）。

## 要求和目标

**要求：**

① 设计中应重点考虑产品的声学安全性，确保音量控制符合国家听力保护标准，长期使用不会对用户听力造成损伤；

② 理解声学材料特性与音质表现之间的关系；

③ 掌握不同头型尺寸与佩戴舒适度的关联性；

④ 了解国家标准《音视频、信息技术和通信技术设备　第1部分：安全要求》（GB 4943.1—2022）和《头戴耳机通用规范》（GB/T 14471—2013）。

**目标：**学习本章之后，学生能够根据声学设备安全性和舒适性的国家标准展开符合规范的创新设计。

## 本章要点

提取国家标准中对耳机声压级限值、电磁兼容性等强制性要求以及人机工程学和材料环保性等推荐性要求。

## 实训目的

发带式耳机有别于传统头戴式耳机，国家对其声压级限值、频率响应特性以及电磁兼容性都有严格的要求。了解这些音频设备的国家标准是产品设计师的必修课，从国家规范中提取重要信息有利于加强声学产品设计的规范性和实用性，能更快完成由学生向行业从业者的过渡，有效提升专业竞争力。

## 5.1 案例导入

【案例】HAKII 发带式骨传导运动耳机（图 5-1）

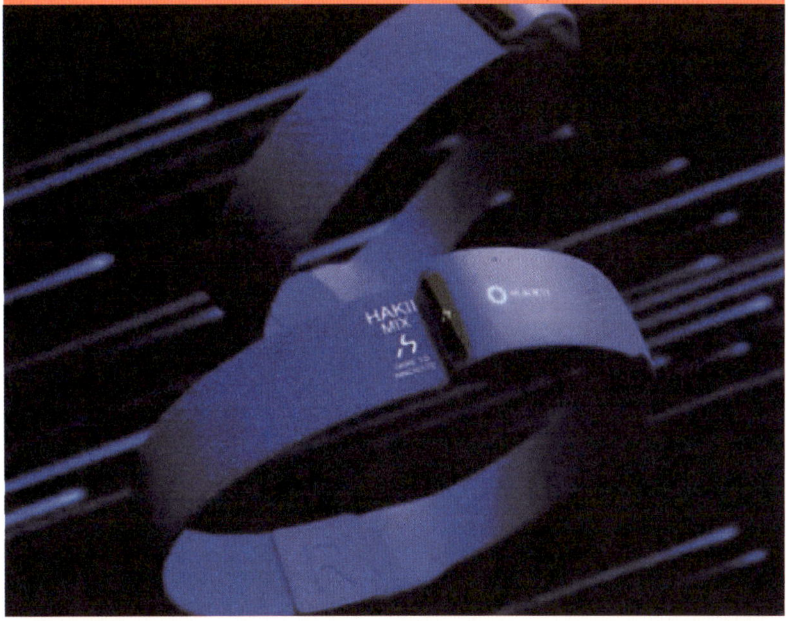


图 5-1　HAKII 发带式骨传导运动耳机

观察案例，思考以下问题。

① 产品由哪几个核心部件构成？

② 产品主体结构采用的主要材料是什么？

③ 产品制造过程中使用了哪些关键生产工艺？

④ 发带式耳机有什么特殊的声学性能要求和人机工程学设计规范？

### 5.1.1 结构模块

发带式骨传导运动耳机包含发带主体、骨传导发声单元、控制模块、充电接口、柔性支架等核心结构模块。该产品属于消费电子类运动耳机，采用一体化成型生产工艺，因此在产品设计阶段必须充分考虑模具成本和装配效率。在设计时，需要合理规划内部走线和元件布局，采用模块化设计思路，既能保证产品的防水性能和佩戴舒适性，又能控制生产成本，确保产品具有良好的市场竞争力。

## 5.1.2 材质与工艺

### 5.1.2.1 产品材质

热塑性弹性体（TPE）是运动耳机产品中常使用的材料，但具体而言，TPE仅是一种材料的统称。其中热塑性聚氨酯弹性体（TPU）材料是一种强度高、弹性好、耐磨损的高分子材料，因其优异的特性与适中的成本，成为HAKII发带式骨传导运动耳机的首选材料。TPU具有以下特性。

**（1）一般性能**

TPU外观呈半透明或透明状，具有优异的弹性和柔韧性；其相对密度为1.10～1.25，吸水率较低；TPU与其他材料的粘接性能良好，易于进行染色和表面处理，可制成多种颜色和透明度。

**（2）力学性能**

TPU具有出色的力学性能，其抗撕裂强度和拉伸强度极高，回弹性好，能够承受反复的拉伸和弯曲。TPU的耐磨性能优异，是天然橡胶的8～10倍，非常适合长期使用。

**（3）热学性能**

普通TPU的热变形温度为70～100℃，具有良好的耐低温性能，在-40℃时仍能保持弹性。普通TPU可在-40～70℃的温度范围内长期使用，适用于各种运动环境。

**（4）使用性能**

TPU具有优异的生物相容性，对人体皮肤无刺激，适合长时间佩戴。同时，TPU具有良好的抗汗液和抗紫外线性能，耐水解，非常适用于运动耳机的使用场景。

**（5）加工性能**

TPU可通过注塑、挤出等多种工艺加工成型，加工周期短，生产效率高，有利于大规模生产。

### 5.1.2.2 产品工艺

注射成型又称注射模塑成型，是一种注塑兼模塑的成型方法。对于HAKII发带式骨传导运动耳机的核心注塑部件（如耳机主体外壳、发带连接结构件、按键装饰件等），注射成型方法的优点十分契合产品需求：生产速度快，效率高，操作可实现自动化，能满足耳机轻量化且结构精准的制造要求；花色种类丰富，可实现外壳的多色外观与质感表现；形状与尺寸灵活度高，从简到繁、从大到小均可成型，且制品尺寸精确，利于产品迭代更新，能高效成型耳机这类结构相对复杂的消费电子产品，尤其适用于批量生产场景。

由于HAKII发带式骨传导运动耳机采用如PC/ABS合金料、亲肤硅胶包裹件的注塑基底等材质，所以产品设计需关注相应细节。以耳机主体外壳为例，为让成型品顺利顶出脱离模具，在与模具闭模方向一致的壁面（包括侧型芯、加强肋等结构处）需设定拔模斜度辅助脱模，角度范围一般为0.5° ～1° 。这类细节设计体现了对产品流程的整体把控，若仅关注造型而忽略脱模等工艺性能，会导致生产受阻。

### 5.1.3 国家标准

与发带式骨传导运动耳机相关的国家标准主要有《音视频、信息技术和通信技术设备　第1部分：安全要求》（GB 4943.1—2022）和《头戴耳机通用规范》（GB/T 14471—2013）。

#### 5.1.3.1 参数要求

当发带式骨传导运动耳机设计满足GB 4943.1—2022时，该产品才可以进行标准化生产；当耳机设计满足GB/T 14471—2013时，可根据耳机的声学性能等具体参数评定其产品等级。需要特别说明的是，目前国家标准中并未对骨传导耳机设立单独的AAA级。骨传导运动耳机设计应符合的参数要求见表5-1。

表5-1　参数要求

| 性能指标 | 技术要求 |
| --- | --- |
| 最大声压级 | 额定频率范围内最大声压级不应超过 100dB SPL |
| 频率响应范围 | 骨传导耳机有效频率范围应不低于 300 ～ 5000Hz |
| 总谐波失真 | 在额定频率范围内，总谐波失真应不大于 10%（在 100dB SPL 条件下测量） |
| 阻抗特性 | 在额定频率范围内，阻抗标称值偏差不应超过 ±20% |
| 安全性要求 | 产品外壳绝缘电阻不应小于 5MΩ，耐压强度应能承受 50Hz、500V 电压历时 1min 的试验 |
| 环境适应性 | 产品应能在温度 -10 ～ +55℃、相对湿度 90% ～ 95% 的环境下正常工作 |
| 佩戴舒适性 | 产品与人体接触部位不应有尖锐边缘，持续佩戴 2h 不应产生明显不适感 |
| 防水等级 | 运动型耳机应至少达到 IPX4 防水等级（防溅型） |

此外，运动耳机还应具备以下特性：

① 产品在运动状态下不应出现脱落或移位的情况；

② 材料应具备抗汗液腐蚀性能；

③ 电池续航时间应明确标注，且实际使用时间不应低于标称值的80%。

#### 5.1.3.2 试验方法

**（1）声压级及频率响应测试**

将耳机以标准佩戴方式安置于符合GB/T 13543的人工头模上，在额定工作电压下进行测量。以耳机骨传导单元的中心为基准点，在距离基准点2.5cm处设置测量麦克风，在20Hz～20kHz频率范围内，以1/3倍频程为间隔进行声压级测量，测试信号为粉红噪声，声压级为94dB SPL。频率响应特性为每个测试频率点上的声压级与基准频率（1000Hz）声压级的差值。

**（2）总谐波失真测试**

在额定频率范围内，输入纯音信号，声压级分别为60dB SPL、80dB SPL和100dB SPL，测量各频率点的谐波失真度。总谐波失真为各次谐波分量均方根值与基波均方根值的比值。

**（3）佩戴力测试**

使用数字式测力计测量耳机对头模的夹持力，测量点位于耳机与头模接触的主要受力部位，取3个测量点的平均值作为最终结果。夹持力应在1.5～3.5N范围内，既能保证佩戴稳定，又不会产生压迫感。

**（4）防水性能测试**

按照IP防护等级测试标准对样品进行IPX4等级测试。将样品固定在旋转台上，以5r/min的速度旋转，从多个角度喷淋水流（水量为10L/min，水压为80～100kPa），持续测试10min后立即进行电气性能检测。

**（5）耐久性测试**

模拟实际使用情况，进行5000次佩戴循环测试，每次循环包括佩戴、保持、取下三个步骤。测试后检查产品结构完整性和功能正常性。

### 5.1.4 竞品分析

分析发带式骨传导运动耳机竞品，见表5-2。

表 5-2　发带式骨传导运动耳机竞品分析

| 产品名称 | 配色 | 材料 | 尺寸 /mm | 参考售价 | 特点 |
| --- | --- | --- | --- | --- | --- |
| 韶音 OpenRun Pro | 黑色 / 蓝色 / 红色 | 钛合金骨架 + 硅胶 | 158 × 68 × 62 | 1298 元 | 8h 续航；IP55 防护等级；双硅麦克风；PremiumPitch™2.0+ 技术；重量仅 29g；快充技术 |
| 南卡 Runner Pro 4 | 绯红色 / 深灰色 | 钛合金 + 硅胶 | 163 × 56 × 47 | 1198 元 | 新一代響科技；8 级专业防水；FC 超快闪充；AI 通话降噪；MP3 模式；蓝牙 5.3 |
| 韶音 OpenMove | 黑色 / 蓝色 / 粉色 | 高弹性钛丝 + 硅胶 | 160 × 70 × 55 | 798 元 | 7h 续航；IP55 防护等级；双麦克风降噪；多点连接；标准耳塞孔；重量仅 29g |
| 华为运动耳机 | 黑色 / 白色 | 医用级硅胶 + 记忆钛丝 | 155 × 65 × 50 | 899 元 | 智能佩戴检测；18h 续航；IP54 防护等级；9.2mm 大动圈；双设备连接；触控操作 |
| 漫步者 W820NB 骨传导版 | 云岩白 / 静夜黑 | 钛合金 + 亲肤硅胶 | 165 × 75 × 60 | 699 元 | 混合主动降噪；环境声模式；49h 续航；IP54 防护等级；Hi-Res 认证；App 自定义 |

**提示：**在进行骨传导运动耳机竞品分析时，应聚焦声学性能、佩戴稳定性和运动适配性等核心参数的共性特征，避免陷入过度追求参数指标而忽视实际体验的“伪设计”误区。有效的差异化应建立在扎实的用户场景研究基础上，通过重心分布优化、材质亲肤性改进等微创新提升产品竞争力，而非依赖华而不实的功能堆砌。

## 5.2　实训步骤

接下来，一起来尝试设计一款既时尚又好用的发带式骨传导运动耳机。

### 5.2.1　产品草图

请画出耳机的外观图和三个角度的视图（正面、侧面、顶部），重点关注以下四个核心部件。

① 头戴系统：环绕头部的支撑结构。

② 传振单元：通过骨骼传递声音的振动模块。

③ 能源模块：内置电池的供电系统。

④ 控制界面：操作按键和指示灯。

思考一下：这些部件之间应如何衔接？采用什么卡扣或连接方式最合理？

## 5.2.2 人机尺寸

完成草图绘制后，需要确定具体尺寸，重点考虑以下几项。

① 头围适配范围：参考亚洲成人头围数据（54~62cm），设计成可调节的结构。

② 接触压力分布：传振单元与颞骨的接触面积要适中（建议4~6cm）。

③ 重量平衡：整体重量控制在35~45g，避免运动时晃动。

④ 曲率半径：根据头部弧度设计自然曲线，提高佩戴舒适度。

## 5.2.3 材料选择与工艺方案

根据运动耳机的使用需求，材料选择与工艺方案的要求如下。

① 接触材料：医用级硅胶或亲肤TPE，保证长时间佩戴舒适。

② 骨架材料：柔性钛合金或高性能尼龙，确保耐用性和弹性。

③ 表面处理：磨砂或防滑纹理，增强运动时的稳定性。

**提示：**要考虑材料的防水等级（至少为IPX5）以及大批量生产时注射成型工艺的成本。

## 5.2.4 产品建模要求

① 产品尺寸应对标现有产品；

② 包含屏幕一个（可触控，考虑是否可拆卸）；

③ 建模曲线曲面连续性为G1/G2；

④ 产品模型须有厚度与内部构造。

完成后，根据设计反馈（教师或企业）进行修改，要求完成产品展板一张。

**展板要求：**将作品文件编排于单幅A3幅面，竖式，像素为300dpi，文件格式为JPG，色彩模式为RGB/CMYK，文件大小不超过10MB；展板内容包含产品三视图、尺寸图、产品色彩搭配图、产品效果图、场景效果图。

## 5.3 产品设计实例

### 5.3.1 产品手绘

在前期绘制草图时，可以先不过多考虑产品开模成本，多利用头脑风暴等发散性思维方式针对产品可创新点进行初步创新，或通过各类艺术创意网站进行思路拓展，累积草图案例可选量。然后根据前期调研及品牌方需求进行筛选或调整，确定最终草图。

#### 5.3.1.1 头脑风暴

以发散思维绘制草图（图5-2～图5-4），不考虑成本、大众审美等问题。

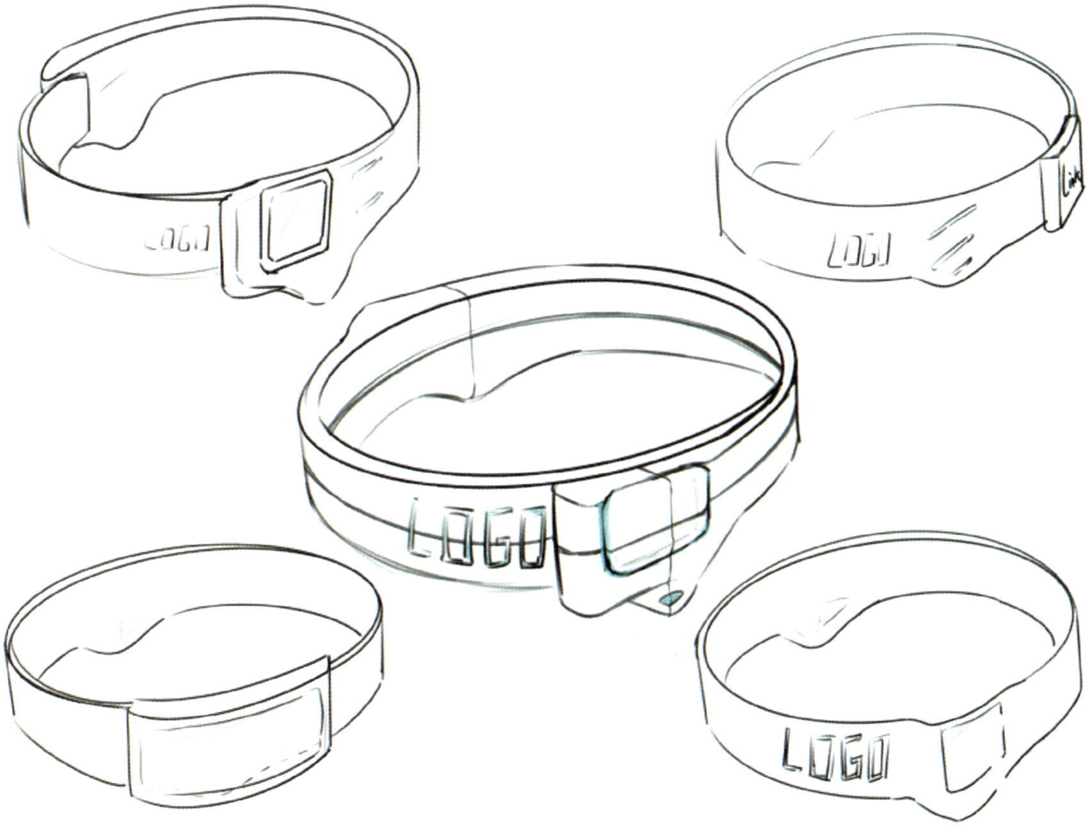


图 5-2　发带式耳机产品手绘草图 / 李贝

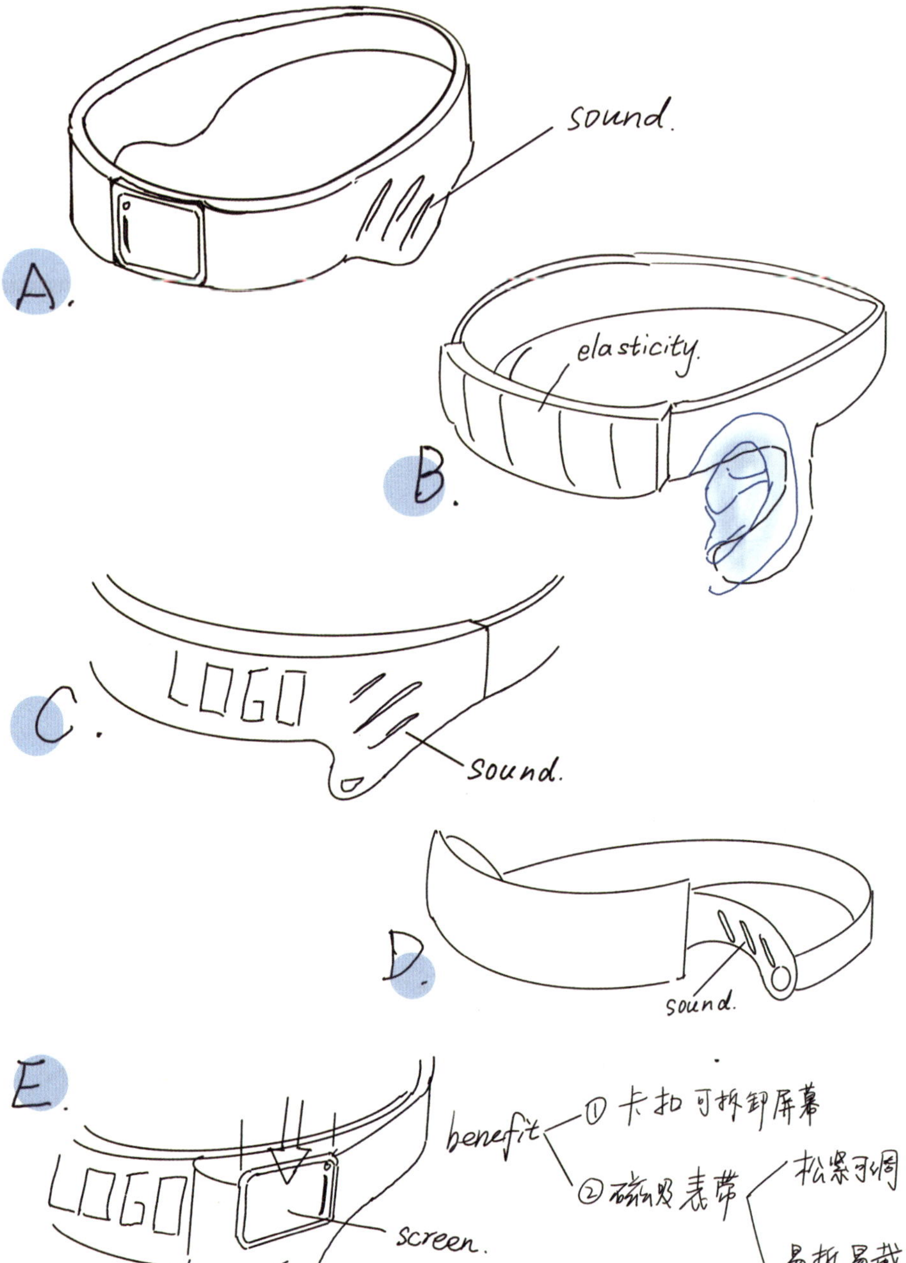


图 5-3　发带式耳机创意阶段草图 1/ 李贝

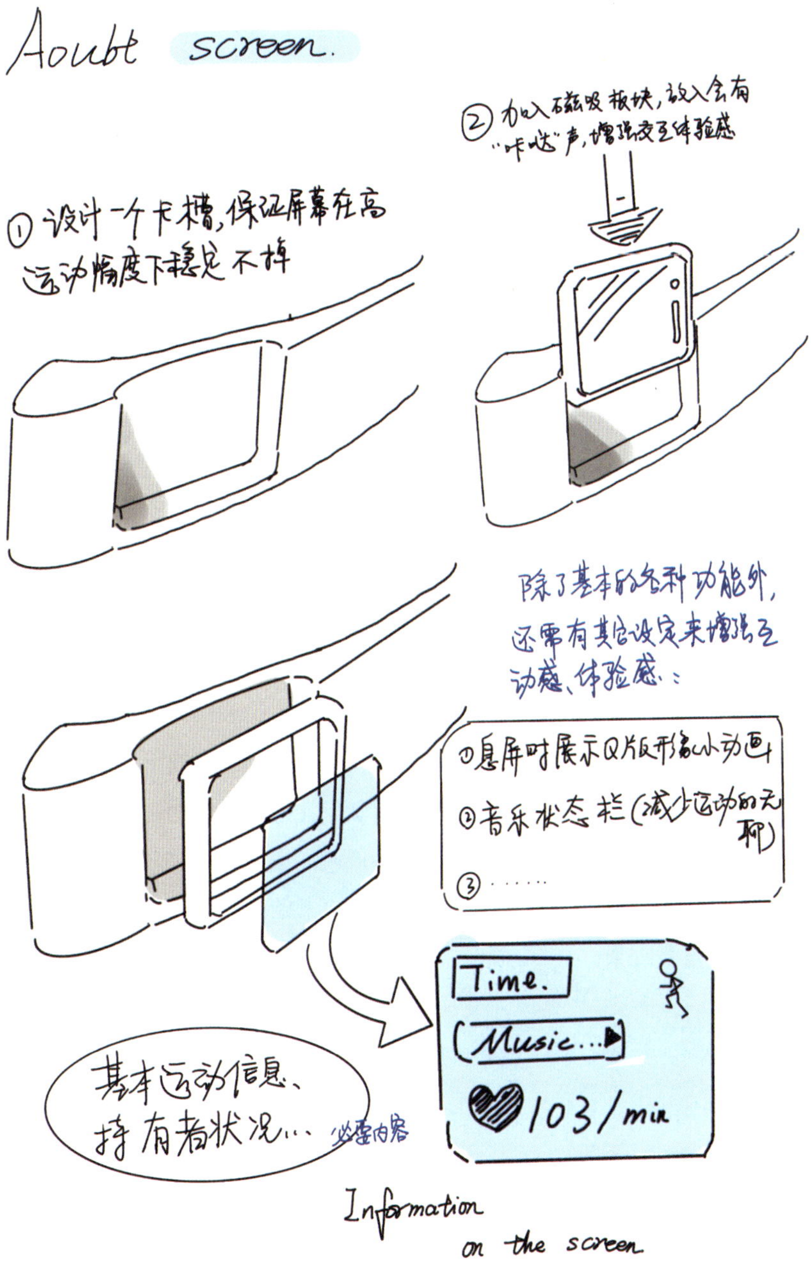


图 5-4　发带式耳机创意阶段草图 2/ 李贝

### 5.3.1.2 创意集中

根据企业从产品实用性和安全性角度给予的设计反馈，为提升骑行运动场景下的使用体验，建议在现有骨传导音频功能的基础上增加创新功能模块。

### 5.3.1.3 功能设定

基于企业生产反馈，产品设计将聚焦实用性与安全性升级，主要增加以下功能。

① 可拆卸迷你屏幕：采用磁吸式1in OLED屏，实时显示电量、来电提醒；支持快拆充电，续航达10h。

② 双侧来车预警：通过内置陀螺仪识别运动方向，配合LED警示灯与振动提示，智能预警后方有车辆驶近。

③ 环境音智能增强：自动识别车辆接近声音，选择性增强环境音，确保运动时音乐与安全兼顾。

④ 整体设计保持轻量化：增重＜12g，符合运动耳机智能化趋势。

## 5.3.2 参数确定

草图明确后，需要对细节进行补充，其中产品具体尺寸规范及产品连接方式是较容易被遗漏的细节，同学们在进行设计时需要十分注意。在该步骤中，需要开始考虑如何降低产品成本，增加项目落地的可能性。在完成以上步骤后，应建立基础约束条件（表5-3），方便建模时进行自我约束。

表5-3 基础约束条件

| 产品模块 | 发带主体 | 骨传导单元 | 可拆卸屏幕 | 电池模块 |
|---|---|---|---|---|
| 长度 /mm | 480～520 | 40～45 | 30～35 | 55～60 |
| 宽度 /mm | 25～30 | 20～25 | 25～28 | 15～18 |
| 厚度 /mm | 8～12 | 10～15 | 6～8 | 8～10 |
| 重量 /g | ≤25 | ≤12 | ≤8 | ≤15 |
| 曲率半径 /mm | 150～160 | 90～100 | — | — |
| 连接方式 | 柔性连接 | 固定式嵌入 | 磁吸触点 | 模块化插接 |

## 5.3.3　产品建模

### 5.3.3.1　草图建模

根据草图对模型建模后，与同学讨论，找出其中的问题与不足，优化后得到最终模型，并拆分模块标注不同的颜色以区分，如图5-5所示。

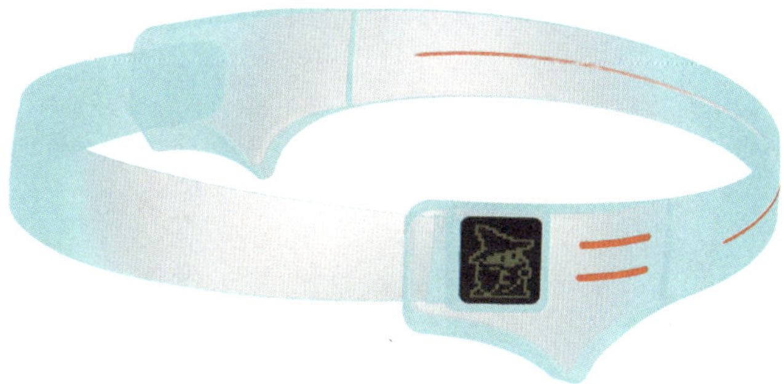

图 5-5　建模初稿（未渲染）/ 刘文娟

### 5.3.3.2　方案定稿

根据创新点对产品模型进行微调并渲染，如图5-6所示。根据渲染效果进行选择。

图 5-6　单个配色渲染 / 刘文娟

## 5.3.4 效果展示

在效果展示阶段，需要完成产品的色彩方案、场景展示图以及工作状态和规格参数设置等。视具体情况对产品的模型进行微调。产品渲染如图5-7所示，屏幕细节拆解如图5-8所示。

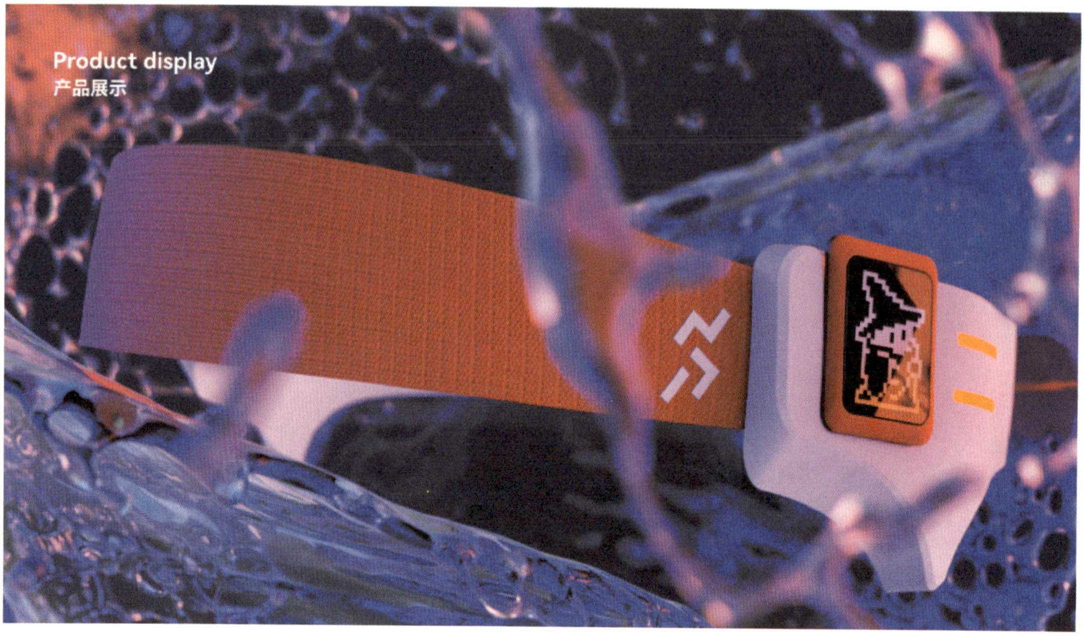


图5-7 产品渲染 / 刘文娟

图5-8 屏幕细节拆解 / 刘文娟

## 5.3.5 技术规格参数

依照国家标准，部分产品落地后需要将具体的技术规格参数展示于产品包装上。发带式耳机设计的技术规格参数至少需要包含表5-4中所展示的信息。

表5-4 发带式耳机设计的技术规格参数（以HAKII产品为例）

| 产品名称 | HAKII SoundRun Pro |
|---|---|
| 产品型号 | HS-BT100 |
| 通信方式 | 蓝牙5.3 |
| 额定电压 | DC 3.7V |
| 电池容量 | 200mA·h（主体）<br>80mA·h（屏幕模块） |
| 续航时间 | 8h（音乐播放）<br>10h（屏幕独立） |
| 充电时间 | ≤ 1.5h（Type-C） |
| 整机重量 | 58g（含屏幕模块） |
| 防护等级 | IP67（主体）<br>IP55（屏幕模块） |
| 频率响应 | 20Hz ~ 20kHz |
| 传振方式 | 骨传导 |
| 屏幕类型 | 1.2in OLED |
| 头围适配范围 | 54 ~ 62cm |
| 工作温度 | -10 ~ 45℃ |
| 麦克风 | 双麦降噪 |

## 5.3.6 设计评价

该发带式骨传导运动耳机设计方案被评审专家组评选为2025年三诺集团实训优秀方案之一。

方案针对现代运动人群的“智能安全”需求进行了创新性探索：在保持骨传导耳机开放聆听特点的基础上，创新性地融入了智能安全警示系统，通过可拆卸式屏幕模块实现运动数据的可视化，大大减少了运动过程中查看信息的安全隐患。设计方案在以下方面展现出显著优势：采用模块化架构使屏幕可独立使用，大幅提升了使用灵活性；

通过人机工程学数据分析优化了重量分布，确保佩戴舒适性；磁吸连接结构经过多次仿真测试，可满足运动场景下的稳定性要求。

方案尚未量产，后续产业化过程中仍需重点考虑模具精度对防水性能的实现程度、不同材质结合处的工艺处理、大规模生产时的成本控制等实际问题。该方案表明，优秀的产品设计不仅需要概念创新，更需要深入理解制造工艺和人机工程学原理，在创意与可实现性之间找到最佳平衡点。

# 实训 6
## POS 机设计

## 课前训练

**内容：**查阅相关资料，明确POS机一般划分为哪几个系统，思考每一个系统的主要功能是什么，它们之间有什么样的联系；对产品的功能、结构部件进行解读，用四开大的纸进行资料分析。

**注意事项：**注意产品系统中各要素之间的关系。

## 要求和目标

**要求：**

① 设计师需要对社会现象和民生问题有深刻的理解，通过设计提高人们的生活质量，关注社会需求，确保设计成果符合社会总体价值观；

② 明确产品设计中以功能为主导的设计；

③ 以POS机为例，初步学会简单系统设计的基本方法。

**目标：**学习本章之后，学生能够根据行业标准对POS机进行有效设计。

## 本章要点

功能主导，系统划分，结构类别。

## 实训目的

通过对POS机的系统设计，考虑系统各要素之间的相互作用和联系，进行系统分析和优化，从而将这种系统思想和方法运用到自己的生活、工作和学习中去，培养学生动手动脑的实践能力。

## 6.1 案例导入

**【案例】传盛语智 M61 型 POS 机（图 6-1）**

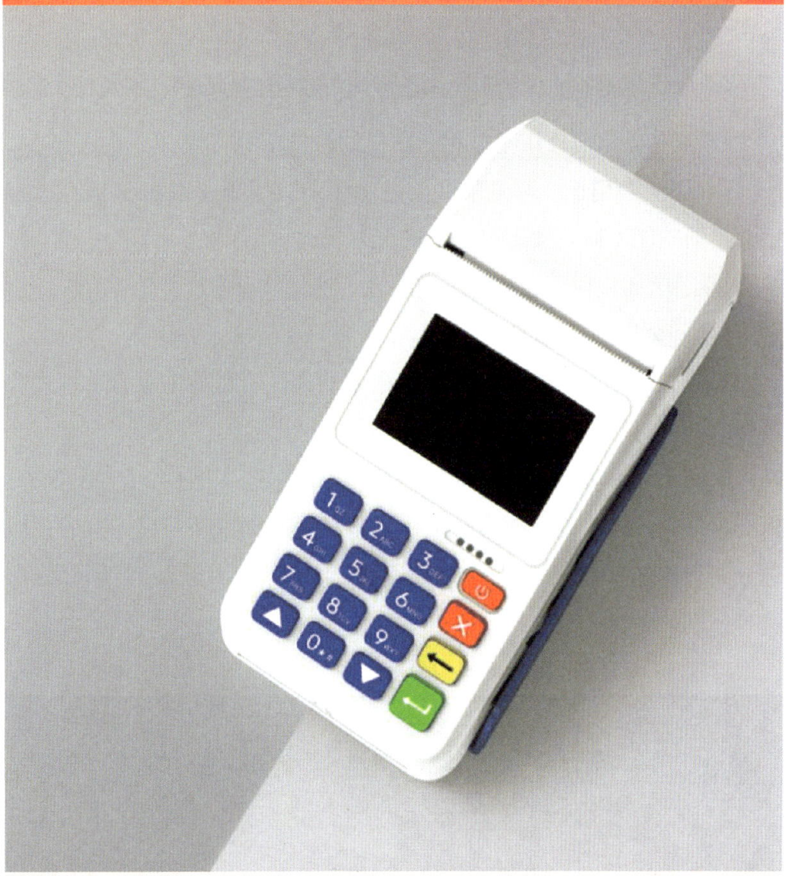

图 6-1 传盛语智 M61 型 POS 机

观察案例，思考以下问题。

① POS机由哪几个部件构成?

② POS机划分为哪几个区域?

③ 产品的工作原理是什么?

④ POS机有什么特别的功能要求和设计规范?

⑤ 通过你对传盛语智M61型POS机的第一印象，你觉得该产品的企业形象是什么?

### 6.1.1 结构模块

常见的POS机应该包含主机、密码键盘、打印部分等基础结构模块。POS机在设计时，需要对每一个子系统的功能、技术仔细考虑。

### 6.1.2 功能展示

**（1）输入设备**

输入设备包括密码键盘、液晶显示面板、刷卡槽/读卡口、通信插口。

① 密码键盘是收银员在受理银行卡时的主要操作区域；

② 液晶显示面板用于显示POS机的操作信息；

③ 刷卡槽用于读取磁条卡信息，读卡口用于读取IC卡信息，根据POS的功能不同，读卡口属于选配配置；

④ 通信插口用于连接外部设备或者通信线路。

**（2）输出设备**

输出设备是交易完成后打印签购单的部件，目前主要有针打式和热敏式两种打印方式。

输入设备和输出设备组成了一个完整的系统（图6-2）。不同POS机的外形设计风格迥异，有的主机部分和密码键盘在一起，有的主机部分和打印部分在一起，有的则是主机部分、密码键盘、打印部分三者合一的一体机。

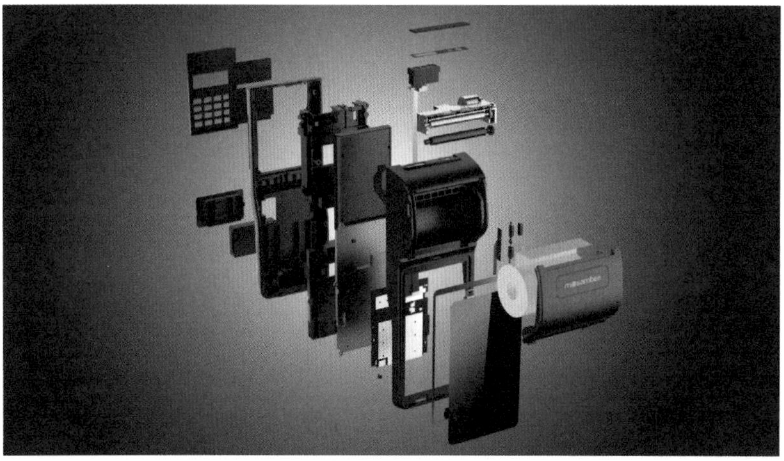

图6-2 构件展示

### 6.1.3 行业标准

《中国轻工业标准目录（2009）》收集了截至2009年年底批准发布的现行轻工业国家标准、行业标准共计4021项，其中国家标准1652项，轻工行业标准2369项。全书对45个行业进行了分类。

### 6.1.3.1 技术要求

产品技术要求见表6–1。

表6-1 产品技术要求

| 项目 | 指标 |
|---|---|
| 电源 | 消费终端由电源接口取电或电池供电工作；电源接口统一为5V、500mA；可由电池供电的消费终端，应配备高容量电池并提供相应的充电方式，电池充满电后至少支持500笔脱机消费交易或保持16h待机；要求电源接口或电池充电座的电源连接线长度可调节 |
| 数据存储空间 | 消费终端内应提供不少于512K的存储空间，用于保存包括终端参数、交易记录、错误日志等信息在内的数据；同时，消费终端采用SAM卡或SD卡的方式，进行交易记录、错误日志等数据的备份存储，存储容量至少为384K |
| 显示 | 消费终端配备两个显示屏，分别位于设备的正、反两面或正面及顶面，用于用户提示信息和操作员提示信息的显示；其中一个显示屏的显示点阵至少为122×32，带背光，显示亮度可调节，可显示ASCII可见字符和汉字，至少支持两行汉字显示，汉字显示应符合国家标准GB/T 2312 |
| 打印机 | 终端可以配备热敏纸记录式打印机或针式打印机，能够打印可显示的ASCII字符和汉字；如果配备打印机，终端的无故障打印数量不得少于5万张 |

### 6.1.3.2 试验方法

产品试验方法见表6–2。

表6-2 产品试验方法

| | | |
|---|---|---|
| 外观 | 在自然光线下，通过目测、手感进行检验 | |
| 尺寸偏差 | 用标准的游标卡尺或钢直尺进行测量 | |
| 装配质量 | 在自然光线下，实际操作，通过目测、手感进行检验 | |
| 基本功能 | 实际操作，逐一检测产品是否符合要求 | |
| 性能检验 | 显示屏 | 按GB/T 2312、GB/T 5007.1、GB/T 5199、GB/T 13000或GB 18030的规定进行 |
| | 打印机 | 用精度不小于0.1mm的量具测量打印宽度和纸仓内径 |
| | 磁卡阅读器 | 打开设备，运行自检测试程序，进行检查 |
| | IC卡读写器 | 按GB/T 18239、CJ/T 166的规定进行检查 |
| | 非接卡读写器 | 打开设备，运行自检测试程序，进行检查 |
| 充电功能 | 使用正常的充电器对试样充电，试样充电10min后，检查试样机体和充电器有无明显发热现象 | |
| 噪声 | 按GB/T 18313的规定执行 | |

### 6.1.4 竞品分析

分析POS机竞品信息，见表6-3。

表6-3 POS机竞品信息

| 产品名称 | 配色 | 材料 | 尺寸/mm | 参考价格 | 特点 |
| --- | --- | --- | --- | --- | --- |
| 拉卡拉POS机（图6-3） | 蓝色 | ABS树脂 | 100×60×20 | 800～1000元 | 支持蓝牙刷卡；新增信用卡还款、转账等业务；随时掌控销售、经营状况 |
| 乐刷POS机（图6-4） | 红色 | ABS树脂 | 170×85×55 | 600～800元 | 强大的技术支持；支持磁条、芯片、扫码、闪付、花呗、白条等交易方式 |
| 银联商务POS机（图6-5） | 黑色 | ABS树脂 | 230×108×82 | 600～1000元 | 正规安全；强大的后援 |

图6-3 拉卡拉POS机

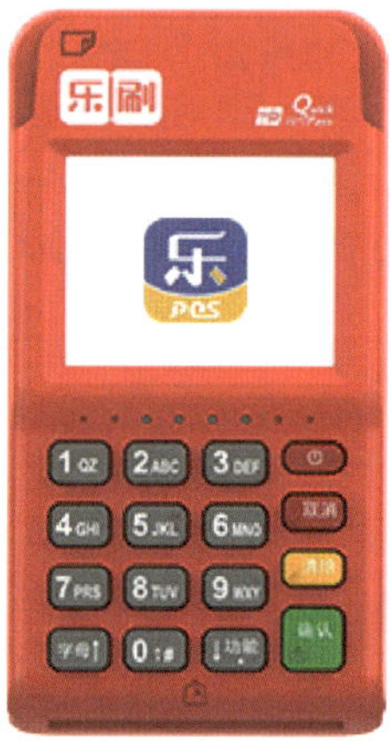


图6-4 乐刷POS机

图6-5 银联商务POS机

**提示：**在进行竞品分析时，我们也要适当关注政策支持，一个产品的成功有很多因素，包括自身产品的性能、质量等方面具有一定优势，同时外部环境对产品的影响也不容忽视。

## 6.2 实训步骤

接下来，请以POS机为主题进行产品设计实训。

### 6.2.1 产品及部件草图

设计时，要求画出产品的主视图及三视图，完成3～5个不同方案、A4草图5张（图6-6），并且在视图中标注出设计的部件位置，思考部件功能之间的联系。

图 6-6　POS 机方案草图

## 6.2.2　产品及部件尺寸

在完成主视图及三视图草图后，通过市场上常见产品的尺寸思考自身产品的设计尺寸，并标注在三视图旁。重点思考构件之间的联系及功能系统划分。

## 6.2.3　产品功能划分

根据市面上的技术支持，在功能上进行合理创新。功能组合设计要合理，符合移动办公的真实需求。

### 6.2.4　产品建模要求

① 产品尺寸对标现有产品，完成整体效果图；

② 包含基本的三部分（主机部分、打印部分、键盘部分）；

③ 建模曲线曲面连续性为G1/G2；

④ 产品模型须有厚度与内部构造。

完成后，根据设计反馈（教师或企业）进行修改，要求完成产品展板一张。

**展板要求：**将作品文件编排于单幅A3幅面，竖式，像素为300dpi，文件格式为JPG，色彩模式为RGB/CMYK，文件大小不超过10MB；展板内容包含产品三视图、尺寸图、产品色彩搭配图、产品效果图、场景效果图。

## 6.3　产品设计实例

### 6.3.1　细节展示

产品模型展示的不仅仅是外观，还有对产品关键部件的细致表达，产品的细节，如一些功能构件及构件之间的衔接，往往是容易被忽视的部分，在进行设计的时候需要十分注意。POS机功能展示如图6-7所示，logo、SIM卡槽以及纹理等细节设计是对POS机模型的细致刻画，如图6-8和图6-9所示。

图6-7　POS机功能展示

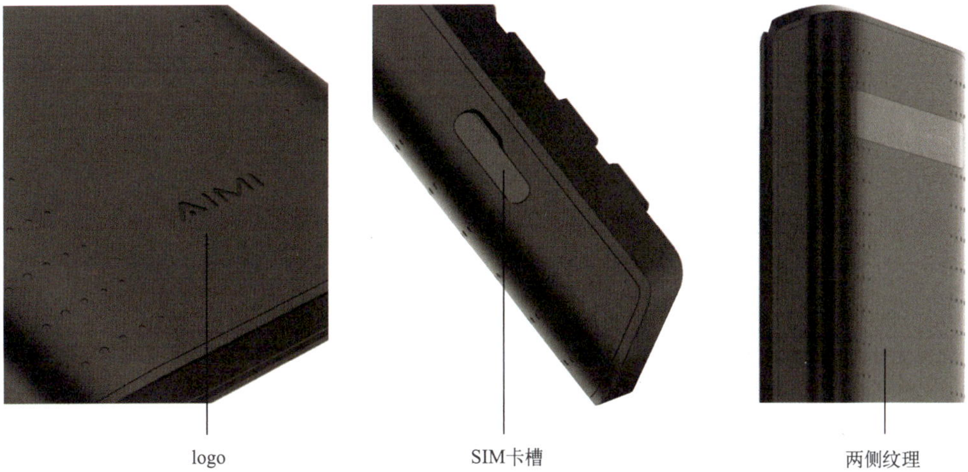


图 6-8　POS 机细节展示 1

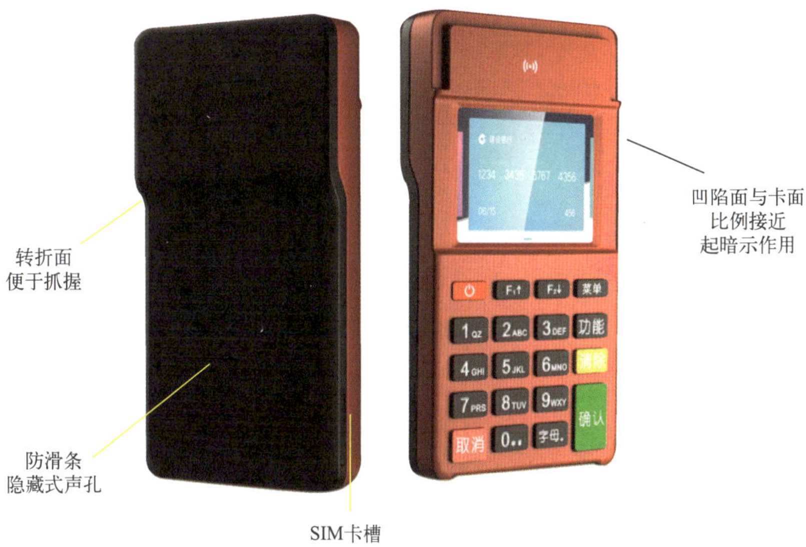


图 6-9　POS 机细节展示 2

## 6.3.2　尺寸规范

产品尺寸是在设计过程中必须考虑的因素，尺寸反映出该产品是否符合实际需求。通过前期的产品调研，应该对市面上的POS机有了初步认识。通过对产品尺寸的规范，设计出符合人机工程学的产品，更好地为人们服务，是设计师的职责所在。手持POS机的尺寸一般为140mm × 70mm × 20mm，可以适当参考，如图6-11和图6-12所示。

图 6-10　POS 机尺寸规范展示 1

图 6-11　POS 机尺寸规范展示 2

## 6.3.3　配色方案

在做产品设计时，色彩也是需要着重考虑的因素。色彩影响着人们的情绪与判断，色彩的直接心理效应来自色彩的物理光刺激，对人们的生理有着直接影响。色彩可以为产品及品牌信息传播扩展40%的受众，提升人们75%的认知理解能力。在相近的成本下，成功的色彩设计可以为产品增加15%～30%的附加值。

在日常生活中，有许多组合色彩的产品，组合色彩在产品中的表现方式往往是以一种色调为主，添加辅色，颜色一般不超过3种。不同配色的POS机如图6-12和图6-13所示。

图6-12　黑橙配色POS机

图6-13　黑红配色POS机

## 6.3.4　应用领域

POS机应用领域见表6-4。

表6-4　POS机应用领域

| 行业 | 应用 |
|---|---|
| 金融行业 | POS刷卡、POS终端结算、银联POS机等 |
| 图书行业 | 图书移动销售POS机、图书采集器、图书盘点机、图书盘点器、图书查重器、图书查重机等 |
| 零售行业 | 超市移动POS机、超市盘点机、超市盘点器等 |
| 医药行业 | 药店移动POS机、药品盘点机、药品盘点器、药品采集器等 |
| 旅游行业 | 旅游移动POS机、旅游盘点机等 |

（1）金融行业

POS机产品所涉及的应用领域很广，像现今较为常见的金融类POS机，被普遍应用于银联商务体系以及农村合作信用社等，这是因为POS机与计算机相连，可直接联网至银联数据处理中心，无论用户选择信用卡支付还是扫码支付，都可以在银行系统中追溯资金流向。

（2）图书行业

移动POS机之所以被用在图书馆或书店里，一来是收钱方便，二来就是移动POS机具有盘点功能。例如，同一本书被借阅或销售了多少，还剩下多少，都可以通过移动POS机来记录。

（3）零售行业

POS机在众多零售行业中拥有极高的应用率，比如中小型超市、连锁店以及大卖场等。这些零售行业为了免除大额现金找零的麻烦，都直接选择安装POS机。POS机除了可以实现便捷支付功能外，还可以实现零售商店进、销、存、配送等管理功能。

（4）医药行业

大量调查统计数据表明，POS机已被大量应用于医药行业，特别是出售药品的门店更是频繁使用POS机，因为它支持磁条卡、IC卡以及支付宝等多种不同的支付方式，相对于现金支付，POS机扫码支付更加快捷简便，人们可以避免携带大量现金出门的麻烦，药店也可实现无接触轻松收款。

（5）旅游行业

近些年，POS机在旅游行业的应用率有了明显提升。现今非常多的人在旅游时都不愿意随身携带大量现金，一来现金过多容易增加行李重量，二来容易引起小偷的注意。有了POS机的存在，人们只需要记住支付密码即可享受更便捷、更轻松的旅游。

## 6.3.5 参数要求

POS机各项参数要求见表6-5。

表6-5 POS机各项参数要求

| 项目 | 指标 |
| --- | --- |
| 处理器 | 双CPU |
| 存储器 | 12M FLASH+4M RAW，可扩展 |
| 显示屏 | 彩色显示屏，2.4寸，分辨率320×240 |

续表

| 项目 | 指标 |
| --- | --- |
| PSAM 卡座 | 1 个 PSAM 卡座 |
| 条码采集 | 支持一维条码及二维条码扫描阅读 |
| 指示灯 | 4 个指示灯，蓝、黄、绿、红各 1 个 |
| 外接端口 | 1 个 Micro-USB OTG 接口 |
| 锂电池 | 3.7V，1800mA·h 以上，可充电锂电池，18650 锂电池（可拆卸） |
| 适配器电源 | 5V，1A 标准适配器，选配 |
| 多应用支持 | 多应用构架，支持多应用 |
| 二次开发支持 | 支持二次开发 |
| 功耗指标 | 充满电可以完成 300 笔交易以上 |
| 外形尺寸 | 172mm × 82mm × 60mm |
| SIM 卡座 | 1 个 SIM 卡座 |
| 重量 | 360g（含电池） |

## 6.3.6 设计趋势

随着移动互联网的发展，移动支付逐渐成为主流。在我国，扫码支付、刷脸支付、碰一碰支付等产品层出不穷，对传统POS机行业造成了一定的冲击，而在海外，刷卡、插卡消费依旧是主流。我国的POS机制造商也正在积极开拓海外市场，在此背景下，产品在技术和安全上还需要通过海外的认证。此外，产品还需要多功能化、智能化和差异化，比如传盛语智Z6型POS机（图6-14），不仅拥有大屏、流线型外观，还支持安卓系统和功能定制，受到海外客户的欢迎。

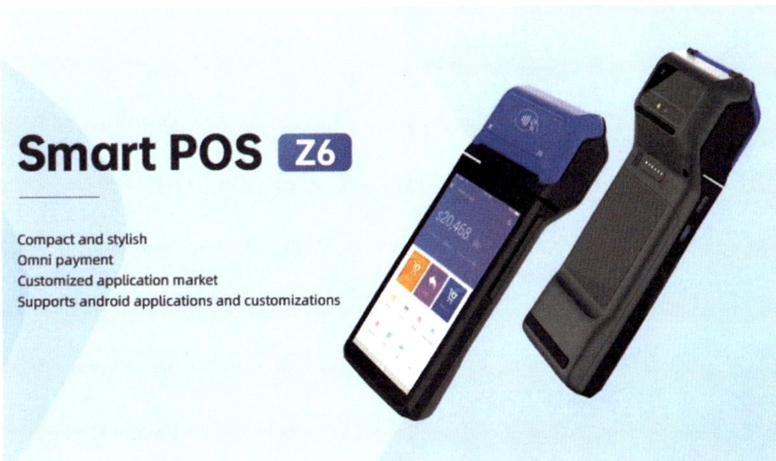


图 6-14　传盛语智 Z6 型 POS 机

## 课后思考题

请思考为东盟或中东地区设计POS机的话，应该重视哪些方面，与国内的POS机设计有什么不同。

# 实训 7

## 机油壶设计

## 课前训练

**内容：**查阅相关资料，了解机油壶造型与结构、材料、工艺等的关系；通过运用所学知识与设计手法，使整体造型有序，注意造型各个布局之间的连接和过渡关系；在上市销售的油壶中挑选你比较满意且符合人机关系的产品，画出该产品的三视图并标明产品尺寸。

**注意事项：**注意三视图绘制规范及产品尺寸通用单位。

## 要求和目标

**要求：**

① 设计过程中，应培养一丝不苟、精益求精的工匠精神，强调职业道德和诚信，培养职业操守，须牢牢掌握产品设计的相关规范，确保设计的真实性和可靠性；

② 了解机油壶制造工艺要求的企业标准 Q/DLGJ 039—2017。

**目标：**学习本章后，要求学生具备包含尺寸规范、受力分析在内的基本的产品形态设计能力，能设计出符合特定要求的产品形态。

## 本章要点

产品尺寸规范及受力分析。

## 实训目的

不同厂家出品的机油壶因容量、材质、运输、储存的差异，有着不同的参数要求。根据特定企业的要求进行设计训练，有助于学生了解实际生产。

## 7.1 案例导入

【案例】嘉实多 4L 油壶（图 7-1）

图 7-1 嘉实多 4L 油壶

观察案例，思考以下问题。

① 机油壶的容量有哪些？尺寸范围是多少？

② 如何进行产品受力分析？

③ 机油壶的制造使用了哪些生产工艺？

④ 对机油壶有什么特别的设计要求？机油壶可以分成几个区域？

⑤ 看到这个产品你能想象出它的品牌形象是什么？

**贴纸位置：**容器表面一般都有贴纸，上面印刷有品牌、产品名称、使用指南、生产地址、容量等信息，因此容器造型上需要有一块平面或者单曲面以供贴纸。

**注意：**双曲面是不能贴纸的。

## 7.1.1 结构模块

常见的机油壶应该包含手柄、壶身、壶嘴等基础结构模块。机油壶属于流水线生产产品，因此必须考虑产品模型制造的工艺，在设计时，注意造型各个布局之间的连接和过渡关系，使其符合人机关系。

## 7.1.2 产品工艺

吹塑也称中空吹塑，是一种发展迅速的塑料加工方法。随着高密度聚乙烯的诞生和吹塑机的发展，吹塑技术得到了广泛应用。根据型坯制作方法，吹塑可分为挤出吹塑和注射吹塑，新发展起来的有多层吹塑和拉伸吹塑。

挤出吹塑成型的工艺过程一般包括6个步骤（图7–2）：

① 挤出机把塑料原料熔融，并且将输送到机头的熔体成型为管状型坯；

② 型坯达到设定的长度后，合模机构使吹塑模具闭合，把塑料型坯夹在两个半模具之间；

③ 通过吹气孔将压缩空气注入塑料型坯内，吹胀型坯，使其贴紧模具型腔；

④ 成型等待冷却定型；

⑤ 模具开模，取出冷却后的制品；

⑥ 修饰制品，同时回收边角废料再利用。

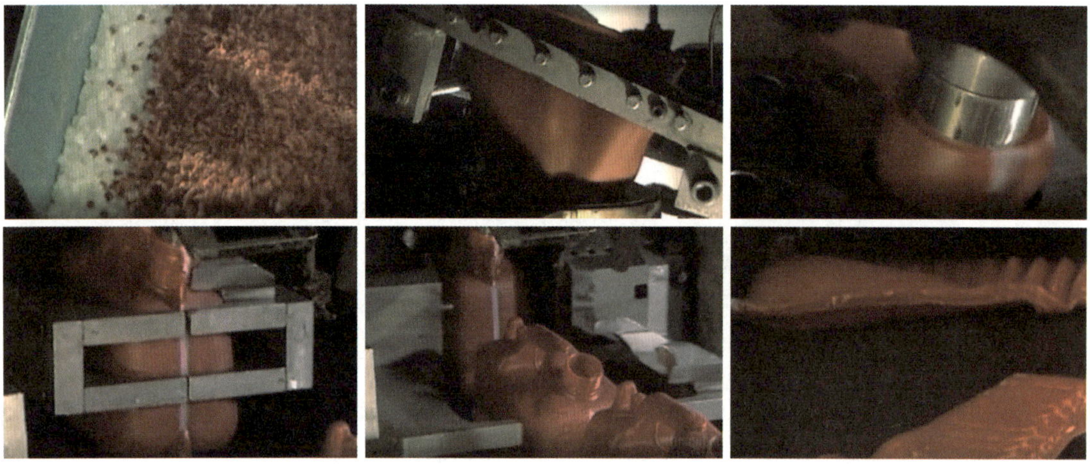

图 7–2　挤出吹塑成型工艺流程

## 7.1.3 企业标准

企业标准是在企业范围内需要协调、统一的技术要求、管理要求和工作要求所制定的标准，是企业组织生产、经营活动的依据。国家鼓励企业自行制定严于国家标准或者行业标准的企业标准。企业标准由企业制定，由企业法人代表或法人代表授权的主管领导批准、发布。企业标准一般以“Q”为开头。

表7-1为宁波得力工具有限公司的企业标准，表7-2为与产品外观设计相关的具体参数规范。

表7-1 产品要求

| | |
|---|---|
| 外观 | 表面光洁，色泽均匀，质感良好 |
| 结构 | 各部件配合紧密可靠，压杆移动灵活，不得有卡顿现象 |
| 渗漏性 | 机油壶各连接处及油封处不得出现滴油、漏油等现象 |
| 抗跌落性 | 跌落测试后机油壶不得出现滴油、漏油等现象 |

表7-2 产品试验方法

| | |
|---|---|
| 外观 | 机油壶的外观在自然光照或日光灯照明条件下，距离机油壶产品30cm处，用目测方法进行检验 |
| 结构 | 机油壶的结构由人工手动进行检验 |
| 渗漏性 | 对机油壶进行渗漏性试验，将机油壶注满油，静置30min后，对焊缝和连接部位进行检查，检查是否有滴油、漏油现象 |
| 抗跌落性 | 将机油壶注满油，从1m高处自由落体，跌落至硬质水泥地板3次，跌落完成后检查机油壶是否有变形、漏油等影响产品使用性能的缺陷 |

**提示：** 阅读上述标准不难看出，企业标准是对产品进行综合性的约束。作为设计师，我们的设计要符合市场、企业要求规范，以保证我们的设计适销对路。

## 7.1.4 竞品分析

分析机油壶竞品信息，见表7-3。

表 7-3 机油壶竞品信息

| 产品名称 | 配色 | 容量 | 参考价格 | 特点 |
| --- | --- | --- | --- | --- |
| 美孚速霸机油壶（图 7-3） | 灰色 | 4L | 200 ～ 300 元 | 工业风、力量感 |
| 壳牌机油壶（图 7-4） | 蓝色 | 4L | 100 ～ 200 元 | 科技感 |
| 诺贝润机油壶（图 7-5） | 黄色 | 4L | 100 ～ 200 元 | 金属感 |

图 7-3 美孚速霸机油壶

图 7-4 壳牌机油壶

图 7-5 诺贝润机油壶

## 7.2 实训步骤

接下来，请以机油壶为主题进行产品设计实训。

### 7.2.1 产品造型草图

设计时，要求画出产品的主视图及三视图。提供机油壶设计方案 3～5个，完成不少于4张 A3 幅面的草图，包括形态演绎过程、三视图、透视图及说明文字。

### 7.2.2 产品及部件尺寸

在完成主视图及三视图草图后，通过人机工程学的基础知识及市场上常见产品的尺寸思考自身产品的设计尺寸，并标注在三视图旁。重点思考手柄尺寸、壶嘴尺寸、壶身尺寸如何设计才能符合企业标准。

### 7.2.3 产品材质及工艺

根据所学，比较各种加工工艺的成品效果，主要从成型质量、经济性与工艺适配性三个维度进行评估，为后续设计方案的可行性筛选提供参考，确保概念设计在保持创新性的同时，能够兼顾生产工艺的实现可能性和成本可控性，有效降低产品开发风险。

### 7.2.4 产品建模

① 自主设计一款带手柄的机油壶，有手柄和壶嘴；

② 造型尺寸符合给定范围，高为330 ± 30mm，宽为220 ± 30mm，厚为90 ± 20mm，手柄孔洞最长处为120（ ± 20）mm。

要求完成四张A3幅面的稿件：第一张含6个以上的平面视图手绘稿；第二张形态演绎是在平面手绘稿中选择一个平面图演绎三维形态，得出5个或5个以上的造型；第三张渲染稿包含三视图、透视图和多种配色图的电脑设计稿件（使用软件不限）；第四张是文字和虚线标注，说明设计思路。

## 7.3 产品设计实例

### 7.3.1 “钻石面”与机油壶

在确定以钻石三角面为核心的设计概念后，设计者通过意象看板（图7–6）提炼出关键视觉特征，为后续的造型推敲提供了丰富的视觉参考。

该设计从钻石的晶体结构中汲取灵感，以标志性的三角切面作为核心设计语言。通过提炼钻石棱角分明的几何特征，产品整体造型采用多组三角面进行有机组合，形成富有张力的立体结构。这种处理手法既保留了钻石原型的硬朗气质，又通过现代设计语言将其转化为简洁利落的工业造型，在视觉上呈现出兼具力量感与精致度的美学特征。

“钻石面”壶身设计案例如图7–7～图7–9所示。根据控制线设计主体面，所有的棱线都汇聚于中心点；轮廓线1、2与上边的轮廓线4交于一点，而且这一点与钻石面中心点的连线正好穿过油壶壶嘴和瓶盖中心；此外，5、6两条轮廓线平行。这些线条的聚集或平行关系，使整体变得有秩序、不凌乱。

图 7-6 “钻石面”产品造型意象看板

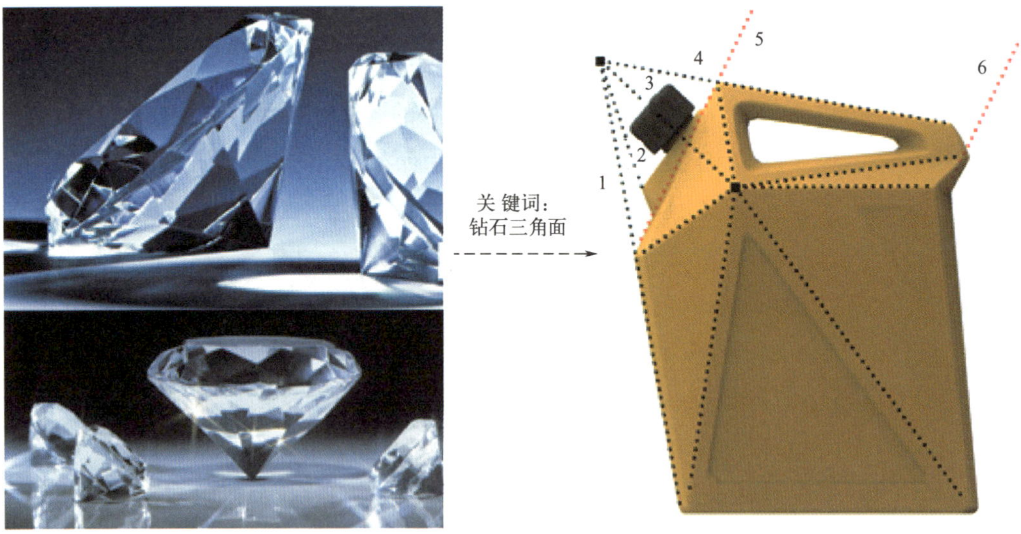


图 7-7 “钻石面”壶身设计案例 / 王峰设计、编者制图

图 7-8　“钻石面”壶身设计案例多角度图 / 王峰设计、编者制图

图 7-9　“钻石面”壶身设计案例配色效果 / 王峰设计、编者制图

除了上面这款设计外，与钻石、三角面有关的设计还有图7–10的“棱角面”设计和图7–11的“变形金刚”设计两个方案。

图 7-10　“棱角面”壶身设计案例 / 胡真设计、编者制图

图7-11的造型整体还算协调，但a、b处的凹面使得模具组件更复杂。对于c处标示的覆盖轮廓一圈的黑色线条，设计者显然缺乏考虑，如果是通过印刷得来的黑色，在自动化设备上印刷这样的立体黑色线带并不方便，如果用的是黑色塑料，在这个容器中使用一种银色和一种黑色塑料，对功能或结构并没有任何改良，反倒使得它加工起来更困难，回收处理难度加大。

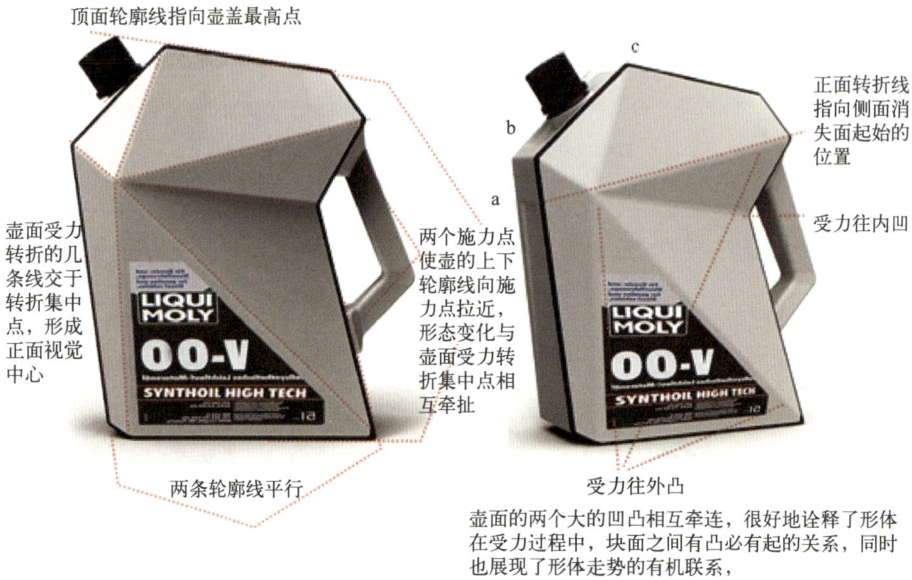


图7-11　“变形金刚”壶身设计案例 / 彭怀涛设计、编者制图

## 7.3.2　“力量感”与柴油壶

设计者打算设计一个造型有力量感的柴油壶，在设计中运用了转折明确、有力度感的流线型，如图7-12所示。最终选择在草图3的基础上继续设计，将底部扩大，增强形体的稳定感，如图7-13所示。

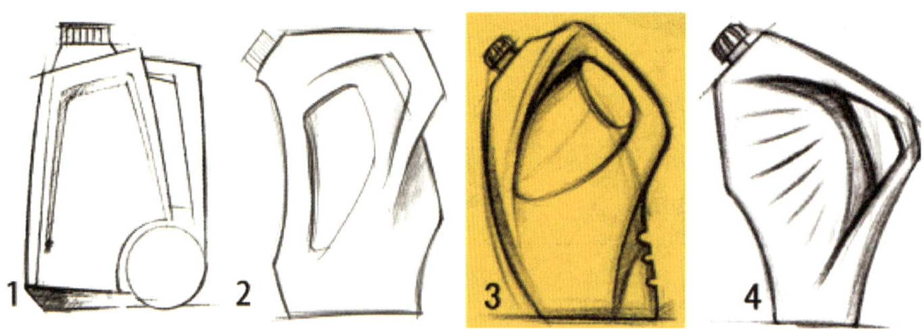


图7-12　“流动”风格壶身设计案例草图 / 彭欣蕾设计、编者制图

图 7-13 “流动”风格壶身设计案例效果 / 李树彬设计、编者制图

## 7.3.3 容量规格

机油壶常见的容量规格见表 7-4。

表 7-4 容量规格

| 型号 | 高度 /cm | 直径 /cm | 油嘴直径 /cm | 容量 |
|---|---|---|---|---|
| 6L | 24.5 | 19 | 约 2 | 12 斤 /6kg |
| 8L | 23 | 22 | 约 2 | 15.5 斤 /7.75kg |
| 10L | 24 | 22 | 约 2 | 17 斤 /8.5kg |
| 12L | 26 | 24 | 约 2 | 22 斤 /11kg |

## 7.3.4 设计评价

通过机油壶设计训练，学生对容器与制造工艺有了更清晰的认识，可避免日后设计出一些不切实际、难以加工的造型。正因为此类容器一般都是单一吹塑件，不存在零部件的组合装配、色彩材质搭配等设计问题，也不存在软件界面、硬件操控等设计问题，所以设计者可以专注于产品形态。以上的一些案例，尽管它们或多或少还存在不足，但相信它们还是有一定的启发作用。这种单一吹塑件的设计也存在一定的局限性，例如缺乏多材料、多工艺的综合运用，以及在智能化、交互性设计方面的探索较少。

为了进一步提升设计训练的效果，可以考虑在课程中逐步引入更复杂的元素。例如，增加对多种材料组合设计的探索，让学生了解不同材料的特性及其在实际生产中的应用；或者引入智能化设计的概念，如可调节容量、温度感应等功能，以满足现代消费者的需求；此外，结合数字化制造技术（如 3D 打印）与传统吹塑工艺，可以为学生提供更多创新的可能性。总的来说，机油壶设计训练为学生提供了一个良好的起点，帮助他们在基础学习阶段打下扎实的设计功底。

## 课后思考题

本章介绍的容器瓶身主要采用吹塑工艺制作，该工艺需要拔模，请思考哪些造型更容易拔模，并绘制出3～5款不方便拔模的油壶容器作为反例进行分析。

# 实训 8

## 香薰机设计

## 课前训练

**内容：**查阅相关资料，选取几款不同类别的香薰机，从中选出一款你最喜欢的产品，就外观造型、功能设置和用户体验等方面，用3～5个词形容它带给你的感觉；通过产品本身的造型、结构猜测它面向的主要用户群体及其主要构件是什么；画出该产品的三视图并标明产品尺寸。

**注意事项：**注意三视图绘制规范及产品尺寸通用单位。

## 要求和目标

**要求：**

① 明确国家标准与企业标准的要求及区别；

② 了解香薰机企业标准 Q/NYD 001—2020；

③ 鼓励在设计中发挥创新精神，不断探索新技术、新材料、新工艺，以提高产品的竞争力和市场适应性；

④ 设计应以用户需求为中心，关注用户体验，提高产品的智能化水平，同时满足不同用户群体的多样化需求。

**目标：**学习本章之后，学生能够根据香薰机的企业标准展开有效设计。

## 本章要点

在产品的外观设计中应综合考虑产品的使用场景和功能特点，产品形态和使用者、使用环境之间的协调关系。

## 实训目的

不同企业出品的香薰机对于其功率、雾化量、渗漏性、加湿效率以及噪声有着不同的参数要求。根据特定企业的要求进行设计训练，有助于学生了解实际生产，增强设计的规范性及竞争力，有利于帮助企业引领市场。

## 8.1 案例导入

【案例】无印良品超声波香薰机（图 8-1）

图 8-1　无印良品超声波香薰机

观察案例，思考以下问题。

① 产品由哪几个部件构成？

② 产品外壳采用的主要材料是什么？

③ 产品制造使用了哪些生产工艺？

④ 香薰机有什么特别的功能要求和设计规范？

### 8.1.1 结构模块

超声波香薰机主要由以下几个部分组成。

（1）底座

底座能为香薰机提供支撑，保持其稳定性，确保其在使用过程中不会滑动或倾斜，通常还会配备防滑垫以进一步增强香薰机的稳定性。

（2）水箱

水箱是香薰机的核心部件之一，用于储存水和香薰精油的混合物。用户需要在水箱中加入适量的水，并滴入所需的香薰精油，以便香薰机能够正常工作。水箱的设计也会考虑保湿效果，确保香薰过程中的湿度适宜。

（3）超声波发生器

超声波发生器是香薰机实现其功能的关键部件，它通过高频振动将水箱中的水和香薰精油混合物转化为微小的水雾，这种转化使得香气能够更好地悬浮在空气中，为用户带来更好的香薰体验。

（4）雾化片

雾化片与超声波发生器协同工作，进一步细化超声波发生器产生的微小水雾，形成更为细腻的水雾颗粒。这样，香气能够更均匀地分布在整个空间中，提高香薰效果。

（5）风扇

香薰机通常配备风扇，用于将超声波发生器和雾化片产生的香气吹散到空气中。风扇的转速和角度设计会考虑香薰的扩散范围和效果，确保香气能够覆盖更广的区域。

此外，香薰机还可能有一些附加功能，如定时、照明等，需要更多部件来实现，以满足用户的不同需求。定时器可以方便地设置香薰时间，而照明功能则可以通过柔和的光线为空间增添温馨氛围。

总的来说，香薰机的结构设计注重稳定性和功能性，通过各个部件的协同工作，实现香气的均匀扩散和持久保持，为用户带来舒适的使用体验。香薰机产品的结构案例如图8-2～图8-4所示。

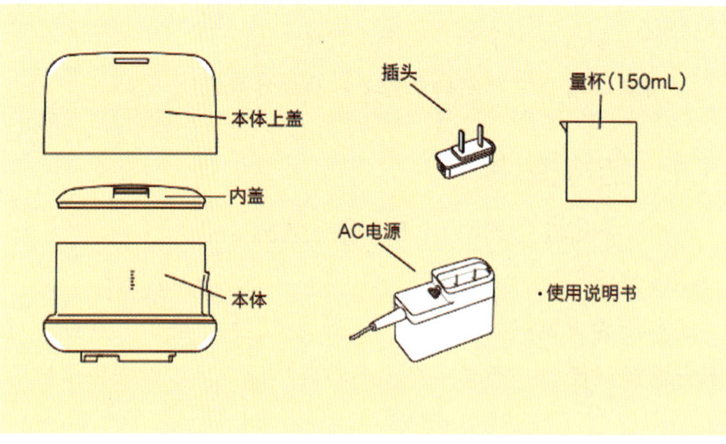


图 8-2　超声波香薰机的结构组成 / 无印良品

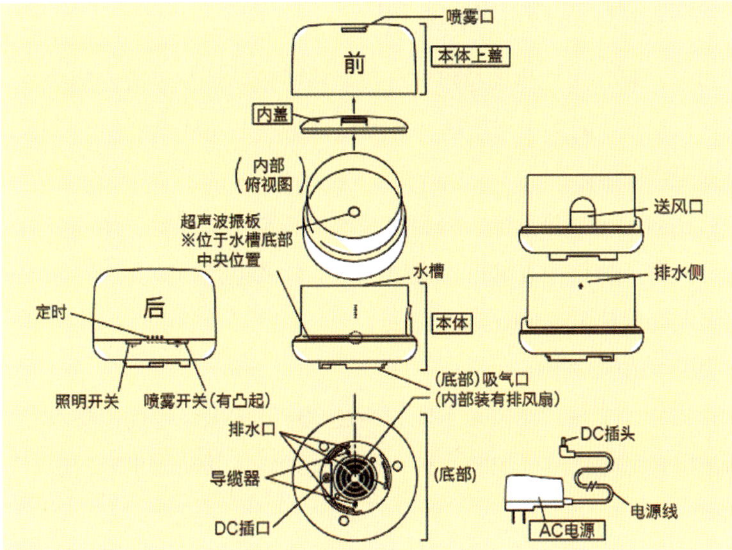


图 8-3　香薰机的部件 / 无印良品

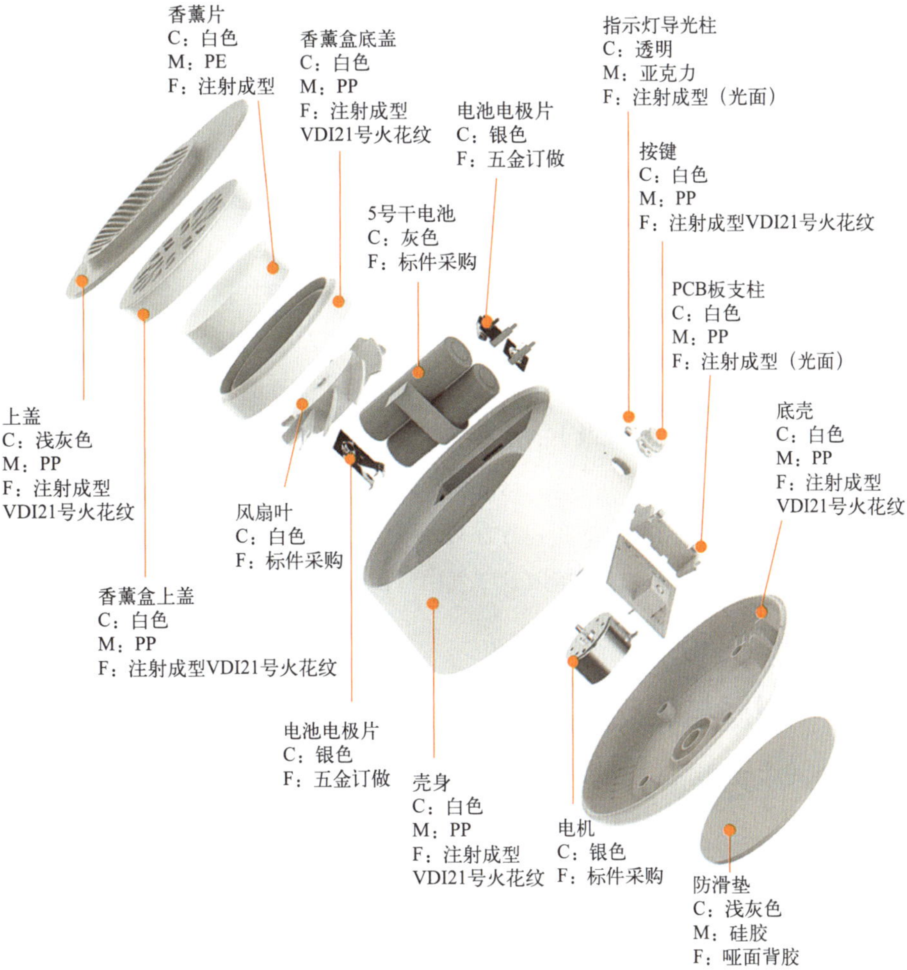


图 8-4　香薰机产品拆件 /GRID

## 8.1.2 产品类型及工作原理

香薰机是一种利用加热或超声波等技术将香薰精油分子散发到空气中的设备，根据不同的工作原理，香薰机分为以下几种类型。

**（1）加热型香薰机**

香薰机内置一个加热系统，将香薰精油加热至一定温度，使其分子挥发到空气中。加热型香薰机通常使用电热丝或电热板作为加热元件，加热温度一般控制在60～70℃。

**（2）超声波型香薰机**

香薰机内置一个超声波振动系统，通过超声波的振荡作用，将水和香薰精油混合后雾化成极细的水雾，再通过风扇将其喷射出来，散发到空气中。

**（3）水分散型香薰机**

香薰机内置一个水分散系统，将香薰精油与水混合后通过高速离心分离，将香薰精油分子均匀地分散在水中，再通过超声波或振动将其雾化成细小的水雾，最后通过风扇将其喷射出来，散发到空气中。

不同类型的香薰机在工作原理上有所不同，但都可以通过将香薰精油分子散发到空气中，达到调节情绪、清新空气等功效。

目前市面上最常见的是超声波香薰机，其工作原理是超声波振荡技术。该设备内部有一个超声波振片，通过电流驱动该振片，使其发生高频振动，振动频率通常为2.4MHz。当振片振动时，设备中的水分子也随之振动，形成微小的水雾。同时，设备内部的香薰液也被振荡，形成微小的水雾和液滴。这些微小的水雾和液滴通过设备内部的风扇喷射出来，营造出湿润和芳香的环境。此外，超声波产生的振动还能够将香薰液中的分子扩散到空气中，使香味更加均匀地散发出去。

## 8.1.3 材质与工艺

ABS树脂是香薰机主要采用的材料，具体性能介绍见1.1.2.1节。

## 8.1.4 企业标准

与香薰机相关的企业标准主要有Q/NYD 001—2020，见表8-1。

表 8-1　Q/NYD 001—2020 技术要求片段

| 项目 | 指标 |
| --- | --- |
| 外观要求 | ① 产品整体造型应符合设计图纸和实物要求，同批产品应无明显色差，无外形不相符现象；<br>② 产品表面应干净、整洁，各种字符图案准确清晰，不应有明显缺陷和瑕疵；<br>③ 产品外观无破损、油污，标签无划伤和翘起；<br>④ 产品塑胶件表面应色泽均匀，无明显缩水、缺胶、黑点、变形、划伤等缺陷；<br>⑤ 产品金属件表面不应有锈蚀及其他机械损伤；<br>⑥ 产品表面应平整、光滑、无扭曲，带面不应有明显麻点、划痕 |
| 输入功率要求 | 产品在正常工作条件下，其输入功率相对于额定输入功率的偏离应不大于 +5% 或不小于 -10% |
| 雾化量要求 | 香薰机的雾化量应符合产品设计规格书要求 |
| 渗漏性要求 | 产品工作时，不应有渗漏现象 |
| 噪声要求 | 最大雾化量工作条件下，整机噪声≤ 38dB |
| 缺水保护功能 | 当水位低于产品正常工作的要求时，应具有缺水保护功能 |
| 安全性能 | 产品的安全性能应符合 GB 4706.1 和 GB 4706.48 中的相关要求 |
| 试运转 | 按照说明书要求操作时，应能正常工作 |
| 有效寿命 | ① 开关寿命≥ 1 万次（适用于按键式和触摸式产品）；<br>② 雾化片寿命≥ 3000 次（实测雾化量降低为初始设计雾化量 70% 以下时） |

## 8.1.5　试验方法

**（1）高温试验**

产品在温度为70℃ ± 5℃的环境中储存12h，恢复到常温后进行测试，外观应无明显变化，功能应能正常运行。

**（2）恒定湿热试验**

产品在恒定湿热环境（温度为40℃ ± 2℃，相对湿度为93% ± 2%）条件下，持续工作48h，恢复到正常试验条件后进行测试，外观应无明显变化，功能应能正常运行。

**（3）低温试验**

产品在温度为-20℃ ± 2℃的环境中储存12h，恢复到常温后进行测试，外观应无明显变化，功能应能正常运行。

具体的产品试验方法见表8-2。

表8-2 产品试验方法

| 项目 | 指标 |
| --- | --- |
| 试验环境条件 | 环境温度：25℃ ±2℃<br>相对湿度：30%～75%<br>气压：86～106kPa<br>水温：25℃ ±2℃<br>试验水样：符合GB 5749标准要求的洁净自来水 |
| 外观 | 在照度不低于750lx的环境下，目测检查产品外观，应符合8.1.4节中的要求 |
| 输入功率 | 按GB 4706所规定的方法执行 |
| 雾化量 | 按GB/T 23332所规定的方法执行 |
| 渗漏性 | 按水箱容量盛满水，并按照正常使用状态放置，不通电静置24h后，目测检查是否有漏水现象；用气密性检测治具进行试验，按照气密性检测治具要求操作，1.5～3.0s后，不能有漏气警报 |
| 加湿效率 | 按GB/T 23332所规定的方法执行 |
| 噪声测试 | 按照GB/T 23332中附录C的方法进行测试 |
| 缺水保护功能 | 产品通电后，在正常工作状态下，当水位低于产品正常工作的要求时，观察产品是否自动停止工作；重复试验3次 |
| 安全性试验 | 产品的安全性能按GB/T 4706.48中第7章、第10章、第13章、第22章所规定的方法进行试验 |
| 试运转试验 | 产品通电后，按照说明书的要求操作 |
| 有效寿命试验 | 使用开关寿命测试治具测试开关寿命；产品以正常工作状态连续工作，累计3000h后，测试试验前后的雾化量 |

## 8.1.6 竞品分析

分析香薰机竞品信息，见表8-3。

表8-3 香薰机竞品分析

| 产品名称 | 配色 | 材料 | 尺寸/mm | 参考价格 | 特点 |
| --- | --- | --- | --- | --- | --- |
| 无印良品大容量超声波香薰机（图8-5） | 白色 | PP树脂 | 168×121 | 388元 | 超静音；可变灯光；4挡定时；2段亮度调节；无水断电 |
| SONISM智能便携超声波香薰机（图8-6） | 海岛蓝色 | 树脂+聚丙烯 | 130×120 | 779元 | 超声波技术；便携式设计；3挡定时；可变灯光；时间调节；超静音；智能间歇模式 |
| 绿之源超声波香薰机（图8-7） | 银白色 | ABS树脂+PP树脂 | 160×115 | 129元 | 超声波细雾；40dB运作；3挡定时；小夜灯；节能调节；无水断电 |

图 8-5　无印良品大容量超声波香薰机

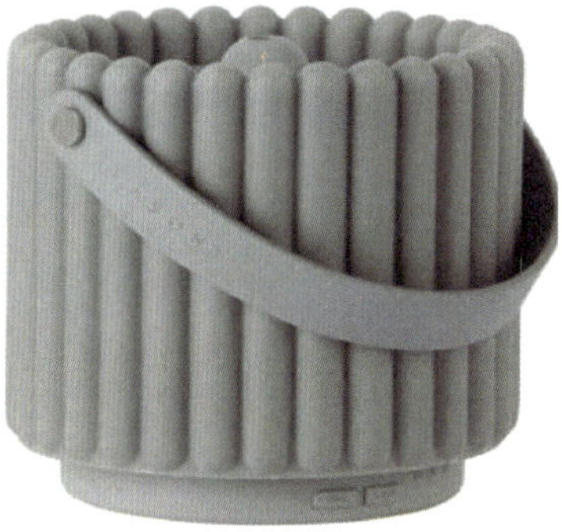

图 8-6　SONISM 智能便携超声波香薰机

图 8-7　绿之源超声波香薰机

**提示：**在进行竞品分析时，不要一味地“求新”“求不同”。分析竞品的共性与定位，寻找合适的市场切入点，明确用户群体与自身产品定位，微创新才是产品间的主要竞争手段。

## 8.2　实训步骤

现提供产品的设计背景与目标用户的基本信息，接下来，请以智能香薰助眠仪为主题进行产品设计实训。

世界上有许多人有睡眠障碍，人们因为压力大、焦虑、环境陌生等原因而失眠，因此我们想设计一款帮助失眠人群进入睡眠状态的产品。我们发现助眠的香薰、白噪声及特殊的光谱可以帮助失眠者放松，使其快速进入睡眠状态。通过嗅觉、听觉、视觉、触觉为用户带来身处自然的睡眠感受，帮助用户入睡。

针对人体不同感官的设计方案说明：

① 视觉，特定波长光谱及同频光晕；

② 嗅觉，闻得到的自然，把自然中的情景嗅觉化，特定的助眠香氛有薰衣草、柠檬、佛手柑等；

③ 听觉，白噪声，如雨声、虫鸣鸟叫声等自然的声音让用户身临其境；

④ 触觉，温暖柔和的CMF、舒适的交互。

目标用户画像如图8-8所示。

· 世界卫生组织调查，27%的人有睡眠问题。

· 中国睡眠研究会2018年上半年公布的睡眠调查结果显示，中国成年人失眠发生率高达38.2%，超过3亿中国人有睡眠障碍，且这个数据仍在逐年攀升中。

· 根据美国国家神经疾病与中风研究所的最新数据，美国有4000万人在忍受着睡眠障碍的折磨。

**年龄、职业特征等基本信息**

25~44岁；受过高等教育；女性占比较高；任职销售、研发、设计、业务、管理等工作压力偏大的人群。

**孕期及哺乳期女性**

女性孕后期及哺乳期均有不同程度的睡眠困扰。

**老年人群**

老年人在更年期后睡眠障碍明显提升，女性比例显著高于男性。

图 8-8 目标用户画像

## 8.2.1 产品造型草图

设计时，要求画出产品的三视图及透视图，清晰展示整体造型和各部分细节。提供智能香薰助眠仪的设计方案3～5个，要求草图体现出设计构思和推导过程，表达出个人的设计灵感、设计思路和设计技法。

## 8.2.2 产品及部件尺寸

在完成主视图及三视图草图后，通过人机工程学的基础知识，参考市场上常见产品的规格，对三视图加以尺寸标注。依据目标人群的特点和需求，重点思考各模块部件的功能、尺寸如何设计才能符合企业标准。

## 8.2.3 AI 辅助产品设计

根据所学，比较各种加工工艺的成品效果，并使用AI生成初步方案，为后续方案筛选与深化提供参考。

## 8.2.4 产品建模

（1）外观设计

构思并设计智能香薰助眠仪的外观造型，包含智能香薰助眠仪的主造型，同时还有精油容器、产品操控部件、音乐及灯光等魅力属性要素的内容，综合采用几何形的形态特征、模块化的设计方法，提炼出产品简洁外观的符号化特征。

**（2）交互设计**

设计一套完整的使用交互流程，例如使用者如何开启助眠仪，如何进行香氛（开关、切换）、音乐（音量大小、音乐切换、音源连接）、灯光（开关、切换）等的交互，综合考虑手机与产品互联状态下的交互界面设计。

**（3）功能布局**

合理规划各个功能模块的位置与层级关系，保证操作逻辑简洁明了，例如香氛、音箱、灯光、电池、操控等位置的合理规划。

**（4）CMF**

只有设计合理的颜色、材质及表面处理，才能达到服务于人、融合于环境的目的。

完成后，根据设计反馈（教师或企业）进行修改，要求完成产品展板一张。

**展板要求：**将作品文件编排于单幅A3幅面，竖式，像素为300dpi，文件格式为JPG，色彩模式为RGB/CMYK，文件大小不超过10MB；展板内容包含产品三视图、尺寸图、产品色彩效果图（展现产品最终的材质质感和颜色搭配）、产品效果图、设计关键部件或操作流程的分解图（阐述工作原理和结构布局）、场景效果图，并撰写简要设计说明，阐明设计理念、主要特点、功能实现方式以及所解决的关键问题。

# 8.3 产品设计实例

## 8.3.1 开摆 Swing 智能香薰助眠仪

### 8.3.1.1 产品手绘

在前期绘制草图时，可以先不过多考虑产品开模成本，多利用头脑风暴等发散性思维方式针对产品进行初步创新和思路拓展，并结合人群功能需求给出方案草图。后依据前期调研及品牌方需求进行筛选或调整，确定最终草图。

利用钟摆单调刺激引起睡眠的特性以及形态作为设计灵感，外观为简约几何形，并为智能香薰助眠仪添加了音乐及灯光，如图8-9所示。

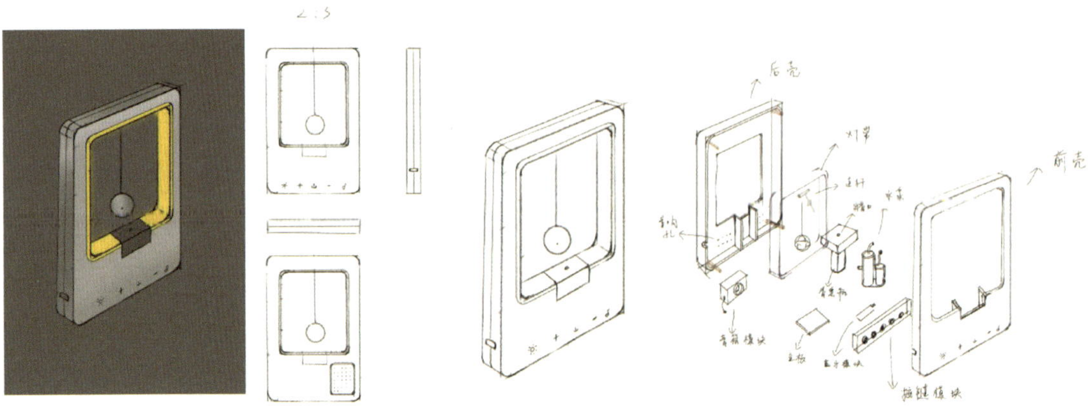

图 8-9 开摆 Swing 智能香薰助眠仪产品手绘草图 / 鲍新月等

### 8.3.1.2 AI 辅助产品方案迭代

根据企业从生产角度给予的设计反馈，使用AI辅助的原型设计工具，通过简要的描述或草图生成原型，加速设计迭代过程，如图8-10所示。

图 8-10 开摆 Swing 智能香薰助眠仪产品迭代方案 / 鲍新月等

### 8.3.1.3 产品建模及效果展示

在钟摆形态的基础造型上添加功能模块，对产品模型细节进行完善和微调（图8-11和图8-12）。根据渲染和整体效果，在配色上选择雅致黑、极简灰和皓月白作为最终呈现，并对功能模块、规格参数、设计内容做出说明。

图 8-11　开摆 Swing 智能香薰助眠仪产品色彩效果 / 鲍新月等

图 8-12　开摆 Swing 智能香薰助眠仪产品效果 / 鲍新月等

## 8.3.1.4　UI 设计效果展示

在UI设计阶段，需要设计一套完整的使用交互流程。智能香薰助眠仪产品功能框架如图8-13所示，手机互联交互界面如图8-14所示。

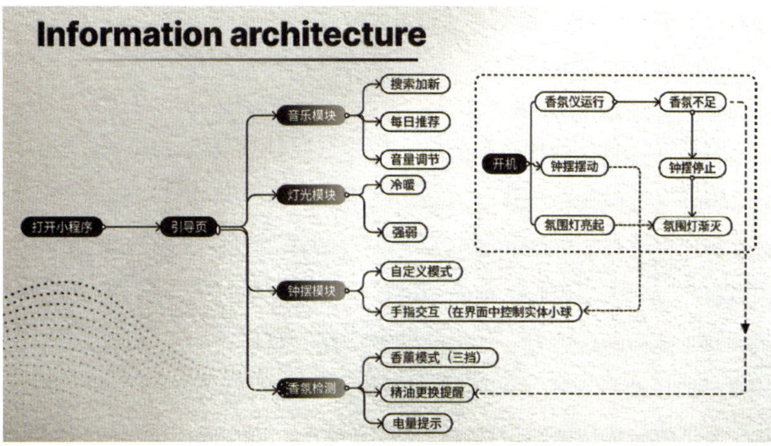


图 8-13　开摆 Swing 智能香薰助眠仪产品功能框架 / 鲍新月等

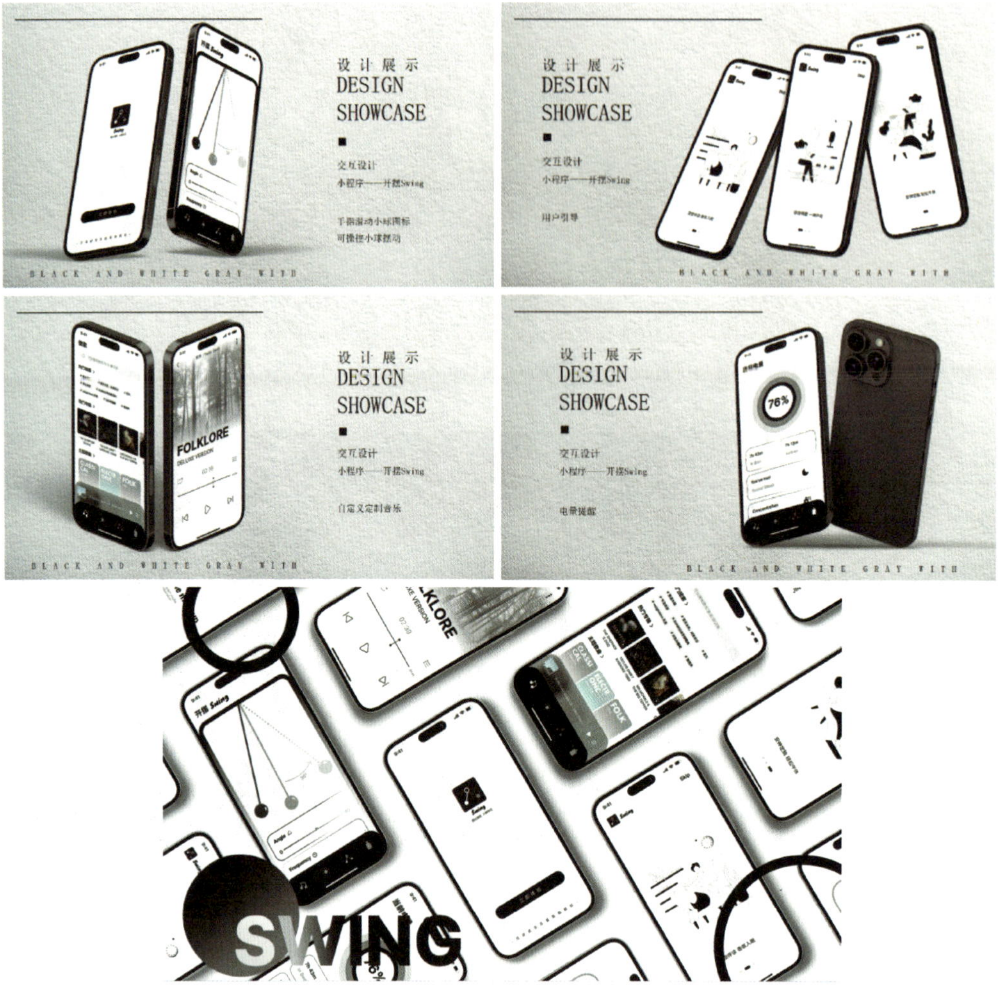


图 8-14　开摆 Swing 智能香薰助眠仪交互设计界面 / 鲍新月等

## 8.3.2　开摆钟智能香薰助眠仪

### 8.3.2.1　产品手绘

在产品设计的前期草图阶段，核心目标是最大限度地激发创新灵感，拓展设计可能性，暂时不必受限于生产成本和开模工艺等限制性因素。设计师可以充分运用头脑风暴、思维导图等发散性思维工具，从用户需求、使用场景、产品功能等多个维度展开创意探索，绘制多样化的概念草图。然后，基于前期市场调研数据、用户画像分析以及品牌方的核心诉求等实际因素，对草图方案进行系统性的评估和筛选，通过多轮优化调整，逐步收敛设计方向，最终确定符合商业可行性和用户需求的最优设计方案。

开摆钟智能香薰助眠仪产品手绘草图如图8-15所示。

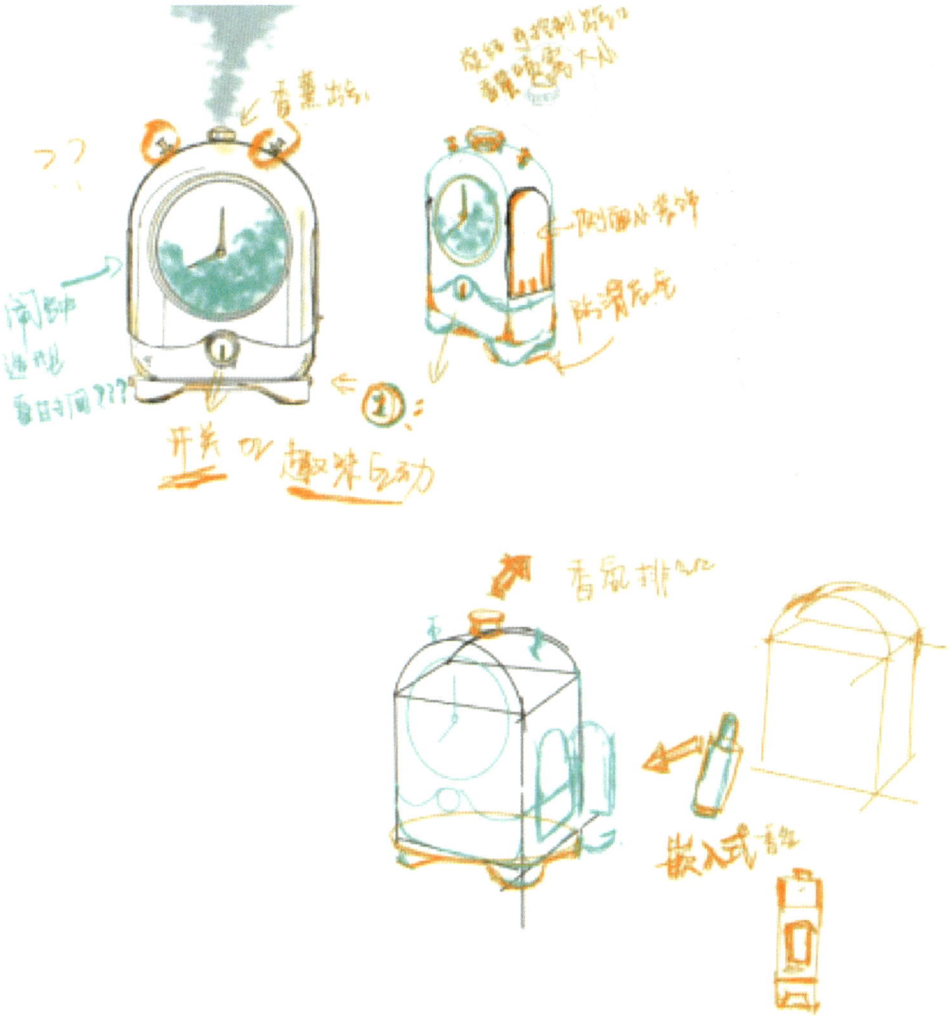

图8-15 开摆钟智能香薰助眠仪产品手绘草图 / 赵雅歆等

### 8.3.2.2 AI辅助产品方案迭代

根据企业从生产角度给予的设计反馈，可以引入AI辅助原型设计工具来优化开发流程。AI工具能够根据设计师输入的关键参数、简要描述或手绘草图，快速生成符合工程要求的数字化原型方案。通过人机协作的方式，不仅能够有效缩短传统原型制作的时间周期，还能实现设计方案的高效迭代优化，显著提升产品开发效率。目前，在设计全过程的前端已经大量应用AI工具，确保设计创意快速可视化呈现的同时，及时响应生产端的可行性要求。

开摆钟智能香薰助眠仪产品迭代方案如图8-16所示。

图 8-16　开摆钟智能香薰助眠仪产品迭代方案 / 赵雅轩等

### 8.3.2.3　产品建模及效果展示

在钟摆形态的基础造型上添加功能模块，对产品模型细节进行完善和微调后，根据渲染和整体效果对功能模块、规格参数、设计内容做出说明。

开摆钟智能香薰助眠仪产品效果如图8-17所示。

图 8-17　开摆钟智能香薰助眠仪产品效果 / 赵雅轩等

### 8.3.2.4 UI 设计效果展示

在UI设计阶段，首先需要系统地构建产品的信息架构体系。运用层级分明的思维导图工具对功能模块、内容分类和用户路径进行可视化梳理，有助于整体逻辑的清晰性和完整性。在此基础上，应重点考量产品在不同使用场景下的差异化交互需求，先制作低保真原型验证核心交互逻辑，再逐步完善为包含完整视觉细节的高保真交互原型，实现从概念到可执行方案的渐进式设计演进。

开摆钟智能香薰助眠仪交互设计界面如图8-18所示。

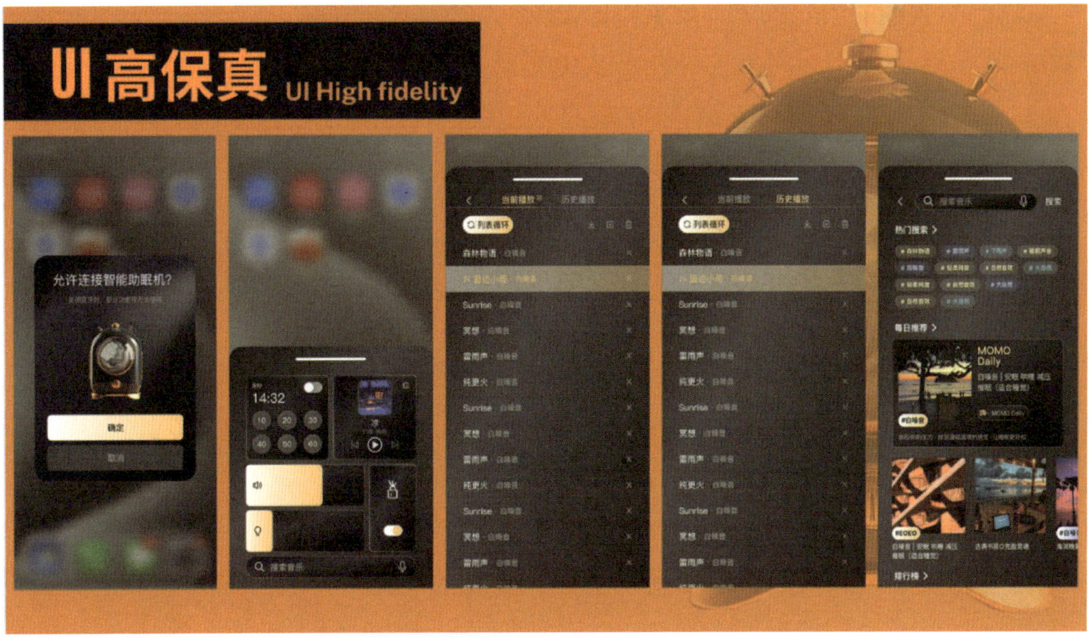


图 8-18 开摆钟智能香薰助眠仪交互设计界面 / 赵雅轩等

## 8.3.3 设计评价

艾媒咨询的调研数据显示，76.4%的消费者在购买智能家电时主要考虑功能实用性。艾媒咨询分析师认为，新生代群体成为消费的主力人群后，智能化消费将成为家电消费的主流。同时，消费者不仅重视产品的智能化，还注重产品的功能实用性以及产品的创新性。现在出现了一个新的名词——“新家电”，即能为用户提供焕新生活场景与生活价值的家电。目前家电市场已经从存量升级转变为限量分化，这反映了供需变化下的市场驱动力和经营重心的变迁。在如今以“消费需求”为核心的时代，产品在市场发展中的权重越来越高，颠覆式的产品升级和创新，就是“新家电”发展的必然逻辑。

家用香薰机在多年的发展过程中，鲜有颠覆式的创新，相应地，技术迭代速度缓慢。但通过香薰机设计实训，将美学与技术相结合，打造出一款精美的、个性化的便携式无线香薰机，它既脱颖而出，又融入其中。这意味着可以通过定制的颜色、与家装融合的风格、在更大空间扩散以及随身携带的扩香器来完全控制家庭的气味体验。

综合而言，产品设计的终极目标是将设计转化为可投入生产的商品。在此过程中，设计需面临诸多具体的生产限制，因此设计创意必须兼顾后期实施生产的各个烦琐细节。设计师除了必须具备创造力之外，还应深入理解并严格遵守产品设计的相关规范，以确保设计的有效性。

## 课后思考题

试以“新家电”趋势下的车载香薰机为题，设计一款“功能实用性+智能化创新”的车载香薰机，在保留香薰机核心功能（扩香、雾化等）的基础上，融入智能化体验（如App控制、环境感应、个性化香氛调配等），解决用户痛点（如个性化、便携性、续航等问题），并考虑雾化、电池续航、材料选择等技术的实现方案，进行关键工艺与可行性分析，兼顾创意设计与量产落地性。

# 实训 9

## 户外家具设计

## 课前训练

**内容：**查阅相关资料，了解户外家具的功能特性、使用场景与设计要求；收集在售的同类产品3～5款，关注新概念、新功能、新技术的运用情况，对其中最喜欢的一款产品分析其造型要点、生产工艺和人机工程学特点，并画出该产品的三视图并标明产品尺寸。

**注意事项：**注意三视图绘制规范及产品尺寸通用单位。

## 要求和目标

**要求：**

① 除了需要拥有创造力之外，更需要牢固地掌握产品设计的相关规范，确保设计的真实性和可靠性；

② 在设计中考虑国际市场的需求和标准，使产品具有国际竞争力，能够适应不同文化背景的用户，服务国家战略；

③ 了解国际家具的测试标准和安全要求；

④ 了解欧洲户外家具安全标准，包括EN581-1、EN581-2以及欧洲的邮购摔箱标准。

**目标：**通过本次实训，学生能够根据国际测试标准、物流包装要求完成产品的有效设计。

## 本章要点

户外家具安全标准对产品外观设计的要求。

## 实训目的

根据户外休闲家具的安全测试标准进行产品形态设计，所有创新应基于结构功能的可实现性与可生产性，学生应具备生产成本意识，提高专业素养。

## 9.1 案例导入

【案例】户外秋千椅（图 9-1 和图 9-2）

图 9-1　户外秋千椅设计 1

图 9-2　户外秋千椅设计 2

观察示例，思考以下问题。

① 产品由哪几个部件构成？选用了哪些材料？

② 产品制造使用了哪些生产工艺？

③ 户外家具设计需要满足哪些安全要求？

④ 户外家具设计在人机工程学方面需要考虑哪些因素？

### 9.1.1 结构模块

该户外秋千椅由支架、悬挂组件（绳索和挂钩）、座椅、顶棚等部件组合而成，支架提供稳定支撑，悬挂组件实现座椅摆动，座椅承载人体，顶棚起遮挡阳光和风雨的作用。该产品为拆装结构，通过插管连接，使用螺钉锁定。未来对该产品的优化方向为无工具徒手安装。

### 9.1.2 材质与工艺

① 支架、框架产品使用铝合金，采用切割、焊接、滚弯/缩管等物理形变工艺。切割需具有较高精准度，以保证组装契合度；焊接需保证牢固且焊缝美观；切割、焊接、打磨后要进行阳极氧化的后期处理，后期表面处理要求能防腐蚀，表面呈现银白色泽，增加耐磨性和美观度。

② 悬挂连接组件如挂钩、吊环，采用不锈钢铸造或锻造工艺，具有更高的强度；表面做抛光处理，提升光洁度与防锈能力，部分组件还会做钝化处理，强化耐腐蚀性能。绳索是高强尼龙绳，经过编织、预拉伸和表面浸胶处理，具有更强的承重能力、耐磨性和防水性。

③ 顶棚织物材料为300D~600D聚酯纤维面料，进行防水PU涂层、抗UV紫外线助剂处理，延缓面料老化褪色，防晒、防水性能更优。缝纫采用高强线，双线或三线缝合，保证接缝处的强度，防止撕裂。

④ 座椅垫织物材料与顶棚类似，面料经防水、防污、防霉处理，内部填充高密度户外专用海绵，经抗菌防霉处理，在潮湿环境中不易滋生细菌、发霉变形。缝纫边缘采用PVC包边工艺，防止面料边缘磨损脱线；与座椅框架连接处采用魔术扣、绑带或卡扣固定。织物整体为活动套设计，方便拆卸清洗。

### 9.1.3 安全测试标准

户外秋千椅的生产需符合欧洲标准EN581-1和EN581-2，通过测试以确保产品的安全性，尤其需要降低对使用者（特别是儿童）的潜在伤害风险。同时，还要按照欧洲的邮购摔箱标准对产品外箱进行摔箱测试，以确保产品在运输过程中的安全性。

EN581-1：主要为产品存在7～12mm夹手缝隙的安全测试。

EN581-2：座椅以及靠背静载测试，包括座位前端静载测试、座椅与靠背疲劳测试、座椅与多位置靠背疲劳测试、扶手静载测试、扶手疲劳测试，腿部前向静载测试、腿部侧向静载测试、座椅冲击测试，脚踏静载测试、前向稳定性、后翻稳定性、侧向稳定性。

座椅数据见表9–1。

表9-1 座椅数据

| 重量 | 高度 |
|---|---|
| 0～20lb（1～9kg） | 30in（76.2cm） |
| 20～40lb（9～18kg） | 24in（61cm） |
| 40～60lb（18～27kg） | 18in（46cm） |
| 60～100lb（27～45kg） | 12in（30cm） |
| 45～68kg | 20cm |

欧洲的邮购摔箱标准：主要是外箱的一角、三边、六个面各摔一次。

**摔箱方法**

一角：最不利的一个角。

三边：摔过的角相邻的三边。

六面：外箱的六个面。

### 9.1.4 包装基本要求

欧洲一般的邮购标准，单箱的重量和尺寸要求：

① 毛重不超过29.5kg；

② 最长边小于150cm；

③ 第二长边小于74cm；

④ 最短两边相加，乘以2，再加上最长边，一定要小于297cm。

## 9.2 实训步骤

接下来，请以户外秋千椅为主题进行产品设计实训。

### 9.2.1 产品及部件草图

设计时，要求画出产品的主视图及三视图。完成3～5个不同方案、A4草图5张，并在视图中标注出设计的部件位置，并思考部件功能之间的联系。

### 9.2.2 产品及部件尺寸

在完成主视图及三视图草图后，参考市场上常见产品的规格，对三视图加以尺寸标注。重点思考构件之间的联系及功能系统划分。

### 9.2.3 产品功能划分

根据市面上的技术支持，在功能上进行合理创新。功能组合设计要合理，符合户外家具产品的安全要求。

### 9.2.4 产品建模要求

① 产品尺寸对标现有产品，完成整体效果图；

② 包含产品的两大部分，即产品主体形态和配件形态；

③ 建模曲线曲面连续性为G1/G2；

④ 产品模型须有厚度与内部构造。

完成后，根据设计反馈（教师或企业）进行修改，要求完成产品展板一张。

**展板要求：**将作品文件编排于单幅A3幅面，竖式，像素为300dpi，文件格式为JPG，色彩模式为RGB/CMYK，文件大小不超过10MB；展板内容包含产品三视图、尺寸图、产品色彩搭配图、产品效果图、场景效果图。

## 9.3 设计实例

### 9.3.1 产品基本尺寸参考

参考同类产品信息，见表9-2。

### 9.3.2 产品构件要求

**（1）外观模块化设计**

模块化设计是一种创新的设计策略，其核心思想是将复杂的系统分解为一些较小、较独立的部分或模块，能够对复杂性的事物进行分解。在家具中最常被使用的模块化设计是可拆卸和可拼装组合。

表 9-2　同类产品参考信息

| 品名 | Batz Swing | Monte Carlo Metal Swing | Colorado Steel Swing | Lahore Straight Leg Swing |
|---|---|---|---|---|
| 产品图 |  |  |  |  |
| 尺寸 /cm | 194 × 120 × 167 | 211 × 120 × 167 | 205 × 130 × 165 | 178 × 106 × 151 |
| 钢管直径 /mm | 48 | 48 | 48 | 38 |
| 集装箱装载量（40ft 货柜）/ 件 | 404 | 290 | 290 | 700 |

在可拆卸方面，为了满足户外露营或其他生活上的移动性需求，除了可以轻松拆卸家具、分解家具体积和减轻重量外，用户群体和露营地管理者在使用时可以根据需要快速拆卸家具来调整户外氛围。如果露营地户外家具的部分零件出现损坏，也可以快速更换，节约了露营地在家具上的维护成本，提高了便利性。此外，这种设计还可以减少运输和储存空间，为用户群体带来更多便利。在拼装组合方面，通过设定标准化的部件，用户可以根据自己的需要拼装成不同的形状，实现不同的功能。

综上，模块化设计策略不仅提供了极大的灵活性，还提高了产品的用户友好性和便利性。同时，它也为创新和个性化设计提供了更大的空间，大大提高了家具的实用性和吸引力，从而满足不同露营用户的需求。

**（2）多材料结合设计**

通过分析调研问卷发现，露营用户群体更喜爱由天然材料制成的户外家具。目前，常见的木质户外家具很容易受潮或被虫蛀，从而造成损耗率高且使用率低的问题。

重组竹作为一种新型的竹质复合材料，其材质坚硬，物理性能和力学性能优秀，自然纹理清晰，色彩较为丰富。与木材相比，重组竹能更好地抵抗户外环境中的恶劣气候条件，可用作户外廊道地板、庭院建筑、户外围栏等。同时，经高温炭化处理后，重组竹的颜色会变得更加丰富。在露营地户外家具设计中，重组竹可作为露营地户外家具的主要材料，同时搭配特斯林布。特斯林布作为特种纺织品，具有色彩鲜艳不褪色、高强拉力、耐水、耐油、耐老化、耐磨损、透气性优良、使用寿命长等优点，其表面光滑凉爽，有防水、防紫外线的功能，常用于室外休闲产品，如沙滩椅、沙滩床、餐垫及室外用椅等。此外，特斯林布有各种颜色和纹理可供选择，可丰富家具的视觉效果。将特斯林布与重组竹结合，既可以丰富户外家具的视觉效果，还可以减轻其重量，提升家具的环保性能。

多材料结合的设计策略是通过合理利用不同材料的特性，发挥材料的最大优势，从而互相补充，提升家具在实用性、功能性和美观性等方面的体验。此外，这种设计策略更具有个性化和艺术化的特点，能够满足不同消费者的需求。

**（3）结构安全与外观体验**

在露营地户外家具的结构设计方面，稳定与安全是首要考虑的问题。在不稳定的户外环境下，露营地户外家具的结构设计应首先确保稳定与安全，以防止在使用过程中发生翻倒或损坏。例如，可以使用特殊的连接件，确保各个部件紧密连接，增强露营地户外家具的稳定性。此外，家具的表面处理也需要考虑防滑和防刮伤等因素，以提供更好的用户体验。

外观设计方面，产品要给人美好的视觉体验，使人心情愉悦，同时要体现积极乐观、健康向上的设计理念。多数露营地户外家具在造型设计上还缺乏环保节能理念，只考虑“坐”的单一功能，造型过于简单或过分浮夸，不仅增加了生产成本，而且不能满足人们的情感需求。因此，在设计过程中，需要充分考虑用户的体验。例如，座椅的形状和设计是否舒适美观，收纳是否方便，搬运拿取是否轻便，空间占用是否较小，产品表面和衔接处触感是否良好等。当然，也可以根据不同的露营地环境或者地域文化进行设计。我国不同地域的人群对家具的审美及关注点也各不相同。因此，可以考虑把当地的传统工艺、地域文化与露营地户外家具充分融合，呈现出不一样的视觉效果，从而避免露营地过于雷同，造成吸引力不足。这样不仅可以提升露营地户外家具的外观之美，更能让用户群体感受到当地文化的魅力，快速融入当地的文化氛围，使户外家具与用户群体产生更深层次的连接。

### 9.3.3 产品创新方向

① 传承与创新：新设计、新材料、新概念，但仍保持基本的传统设计，产品保持一定的市场接受度，不需要重新培育市场。

② 更优装载量：设计更好的装箱尺寸，符合40HQ高装柜集装箱，可使装柜量达到700箱以上，在当前高海运费用（头程）和较高的尾程物流费（国外快递费）的情况下，通过最大化装载量摊薄单位成本。

③ 组装便利性：便于组装，人性化，可以无工具甚至无意识组装。

④ 高性价比：料工价控制在400元以内，价格定位更具优势。

### 9.3.4 材质与工艺的选择

**（1）经济型户外秋千椅**

主体支架、框架采用Q235碳钢，成本低，强度适中，表面做喷塑处理，防锈能力一般，适合干燥环境。结构简化为直杆支架设计，减少弧形所使用的弯管工艺，采用普通激光或等离子切割，焊接成型，组装时以螺钉固定为主。顶棚采用普通聚酯纤维面料，座椅内部填充低密度海绵，机器裁剪，单线缝纫。挂钩采用铁制镀锌冲压成型，绳索无预拉伸处理，安装时仅做基础承重测试。

经济型户外秋千椅在材质与工艺的选择上优先控制成本，性价比高，基础耐用，能够满足短期户外使用的需求，适合大众消费市场。

**（2）高端定制型户外秋千椅**

支架与框架采用航空级7075铝合金或钛合金，质量轻且强度媲美钢材，表面做硬质阳极氧化处理，耐候性极强，适合沿海等高腐蚀环境。采用CNC精密加工，减少螺钉外露，提升美观度。顶棚采用高端亚克力面料或定制帆布+石墨烯涂层，兼具防晒与远红外保暖功能；3D立体裁剪，接缝处用超声波焊接，防水性极佳；可嵌入LED灯带，智能调光，提升夜间氛围。座椅垫采用真皮材质，手工缝制，内部填充记忆棉+乳胶复合层，兼具支撑性与舒适度，固定方式为磁吸式+隐藏卡扣，外观无外露连接件。挂钩采用316L不锈钢锻造工艺+手工抛光。悬挂系统为碳纤维绳索，搭配阻尼器，摆动时静音且平稳。所有金属部件做电解抛光，绳索连接处用钛合金卸扣，安装前需通过有限元分析（FEA）优化受力点，确保结构安全系数≥3.0。

高端定制型户外秋千椅具有极致质感，融合了设计美学与文化属性，能够满足高端场景需求。

## 9.3.5 产品开发流程

① 围绕需求，采用多种发散思维方式，提出设计概念；

② 通过草图将设计概念可视化；

③ 草图转化，快速造型，利用犀牛（Rhino）软件建模，渲染出图；

④ 将效果图转化为工程工艺图纸，打样论证；

⑤ 样机测试标准化；

⑥ 准备小批量试产；

⑦ 大批量生产。

产品开发流程如图9-3所示，产品研发后期注意事项如图9-4所示。

## 9.3.6 创意阶段

在创意阶段，快速完成草图转换，快速造型（犀牛建模），渲染出图，反映主要创意点和设计意图，如图9-5所示。

## 9.3.7 试样阶段

**（1）基础参数**

户外秋千椅的尺寸如图9-6所示。

**（2）试样过程**

户外秋千椅的模型制作如图9-7和图9-8所示。

**（3）测试**

按照欧洲标准EN581对户外秋千椅进行安全、强度和耐久性测试，除了硬纸板保护不足之外，其余全部符合要求。

## 9.3.8 产品展示

**（1）产品实物**

对产品进行多轮测试后，最终完成实物量产前的样品制作，如图9-9所示。

**（2）安装说明**

安装说明如图9-10～图9-13所示。

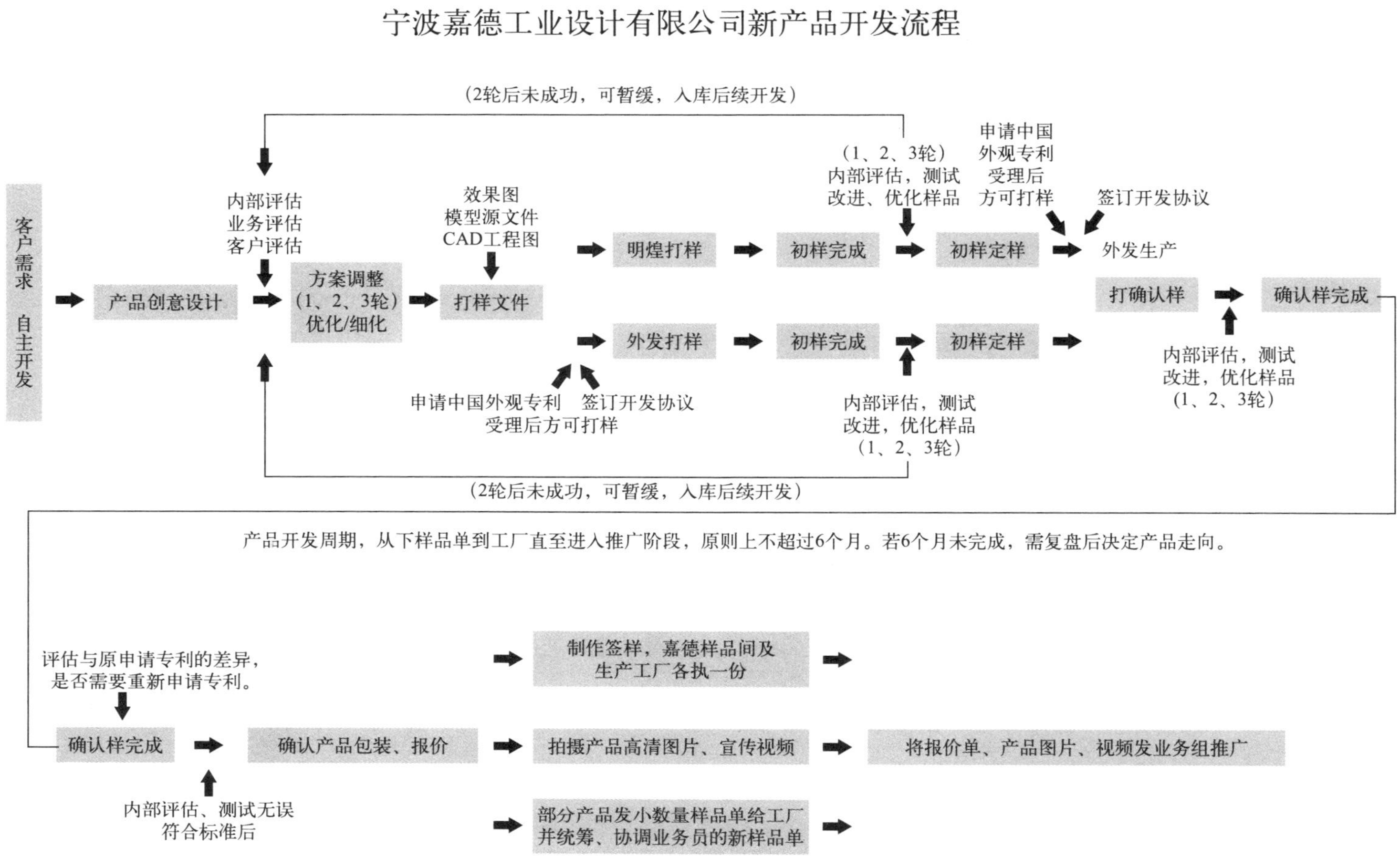
宁波嘉德工业设计有限公司新产品开发流程
（2轮后未成功，可暂缓，入库后续开发）
客户需求
自主开发
产品创意设计
内部评估
业务评估
客户评估
方案调整
（1、2、3轮）
优化/细化
效果图
模型源文件
CAD工程图
打样文件
明煌打样
初样完成
（1、2、3轮）
内部评估，测试
改进、优化样品
初样定样
申请中国
外观专利
受理后
方可打样
签订开发协议
外发生产
外发打样
申请中国外观专利
受理后方可打样
签订开发协议
初样完成
内部评估，测试
改进，优化样品
（1、2、3轮）
初样定样
打确认样
内部评估，测试
改进，优化样品
（1、2、3轮）
确认样完成
（2轮后未成功，可暂缓，入库后续开发）
产品开发周期，从下样品单到工厂直至进入推广阶段，原则上不超过6个月。若6个月未完成，需复盘后决定产品走向。
评估与原申请专利的差异，
是否需要重新申请专利。
确认样完成
内部评估、测试无误
符合标准后
确认产品包装、报价
制作签样，嘉德样品间及
生产工厂各执一份
拍摄产品高清图片、宣传视频
部分产品发小数量样品单给工厂
并统筹、协调业务员的新样品单
将报价单、产品图片、视频发业务组推广

图 9-3　产品开发流程

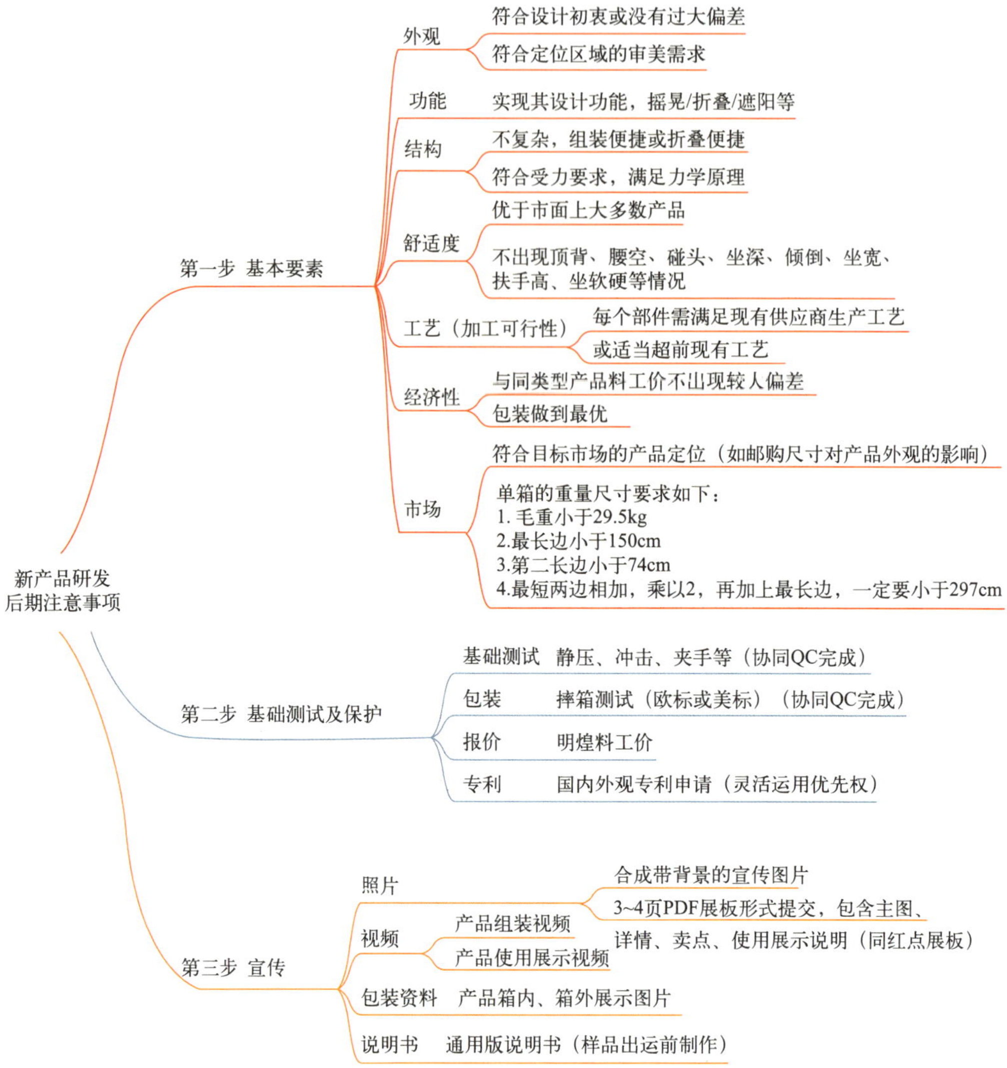


图 9-4 产品研发后期注意事项

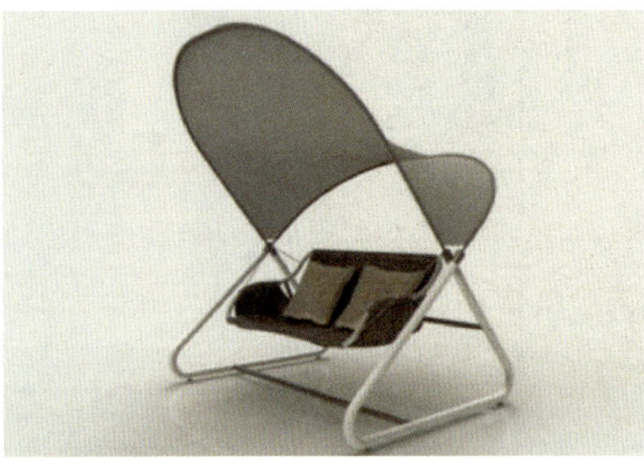

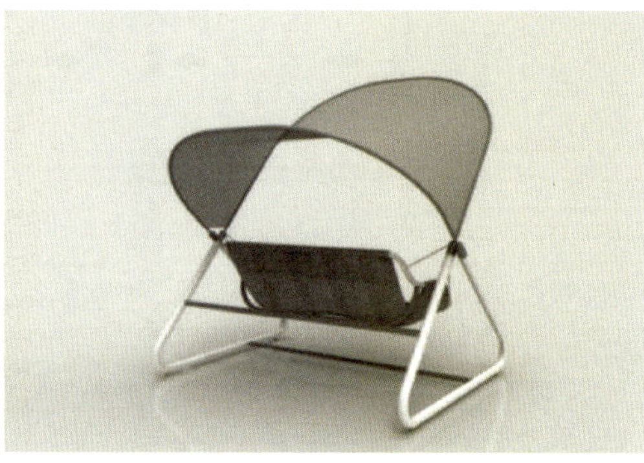

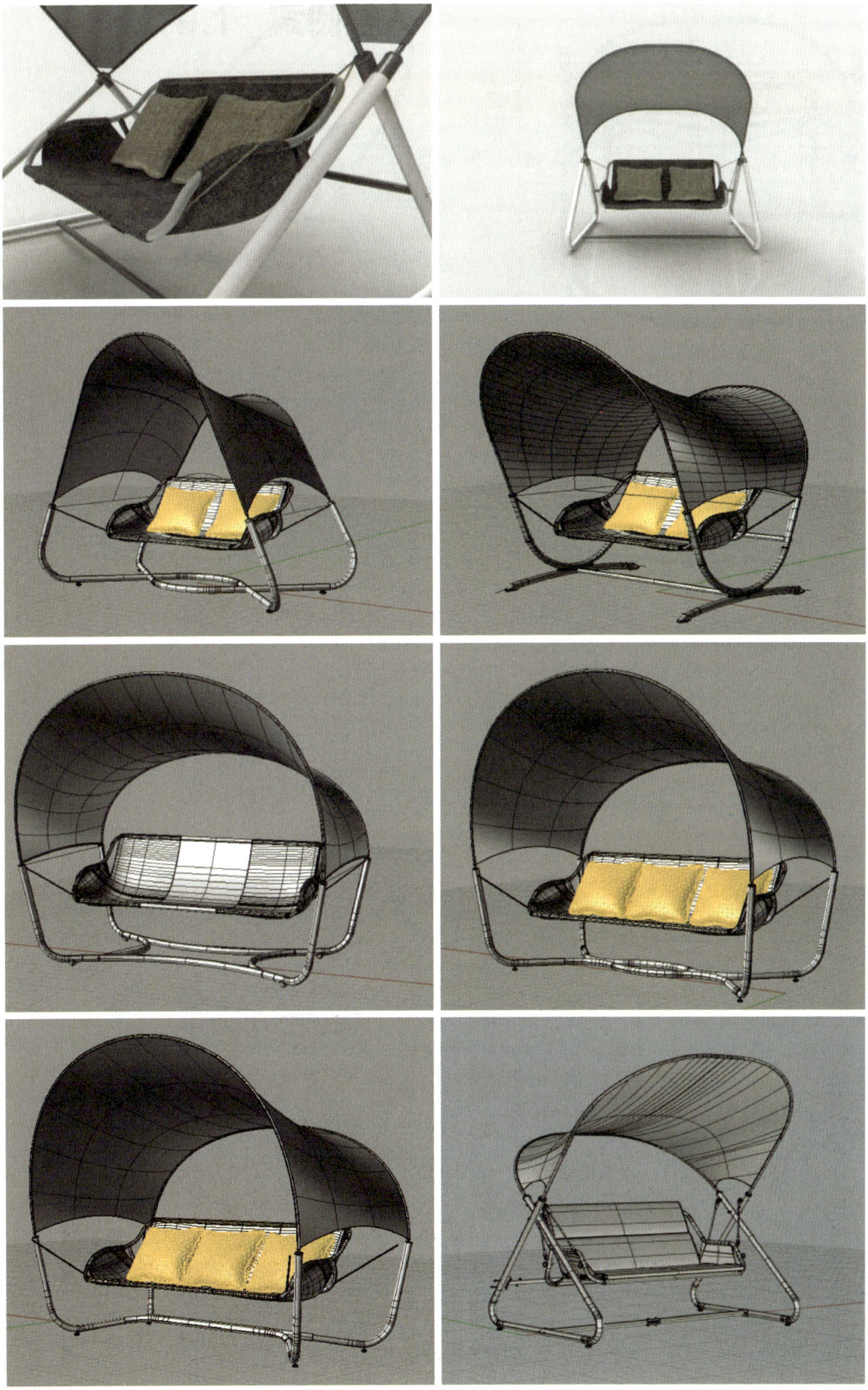

图 9-5　户外秋千椅草图建模

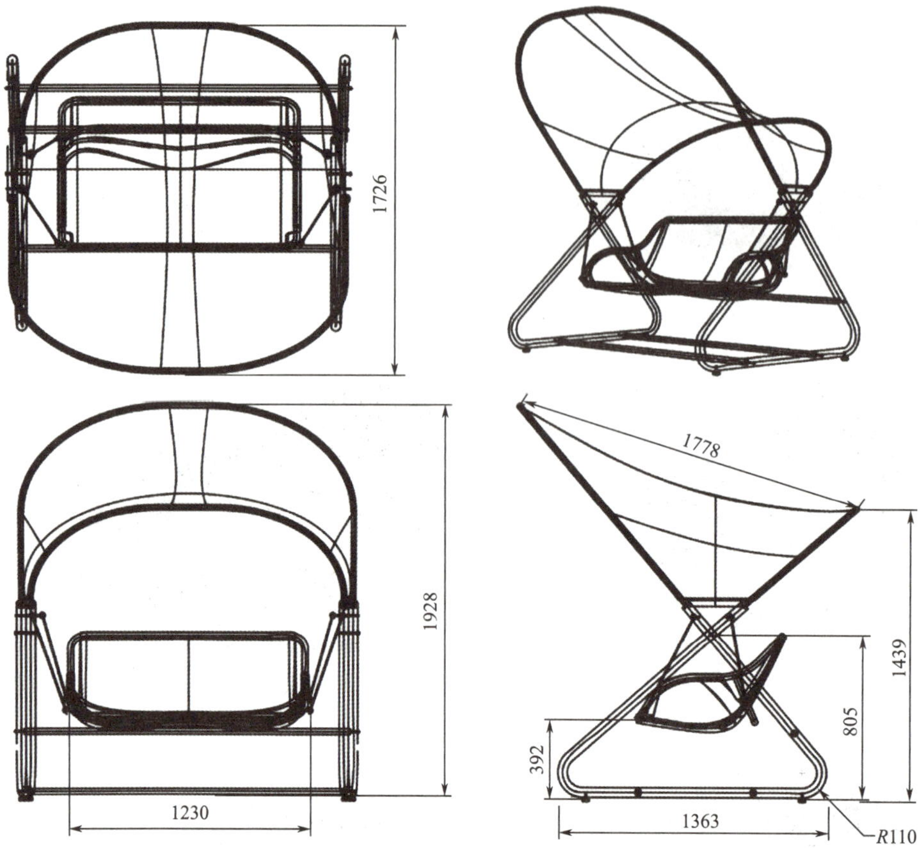


图 9-6　户外秋千椅尺寸（单位：mm）

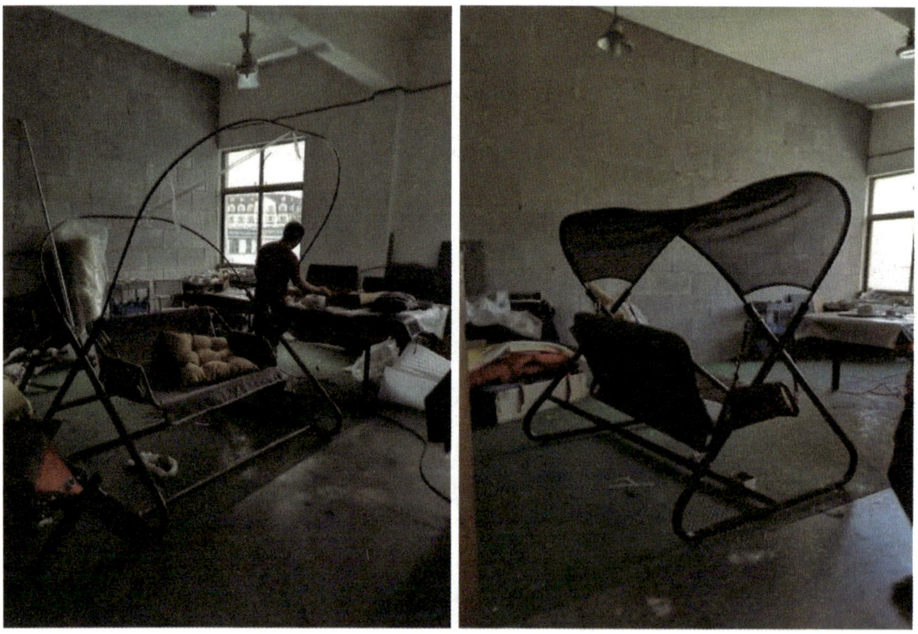

图 9-7　户外秋千椅模型制作（骨架）

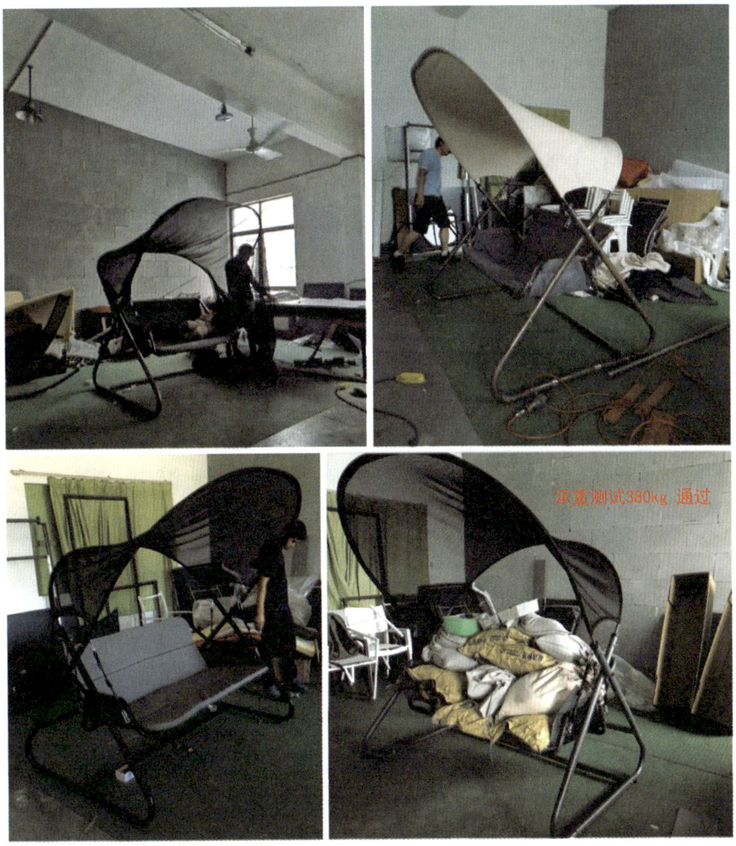


图 9-8　户外秋千椅模型制作（织物）

图 9-9　户外秋千椅成品实物

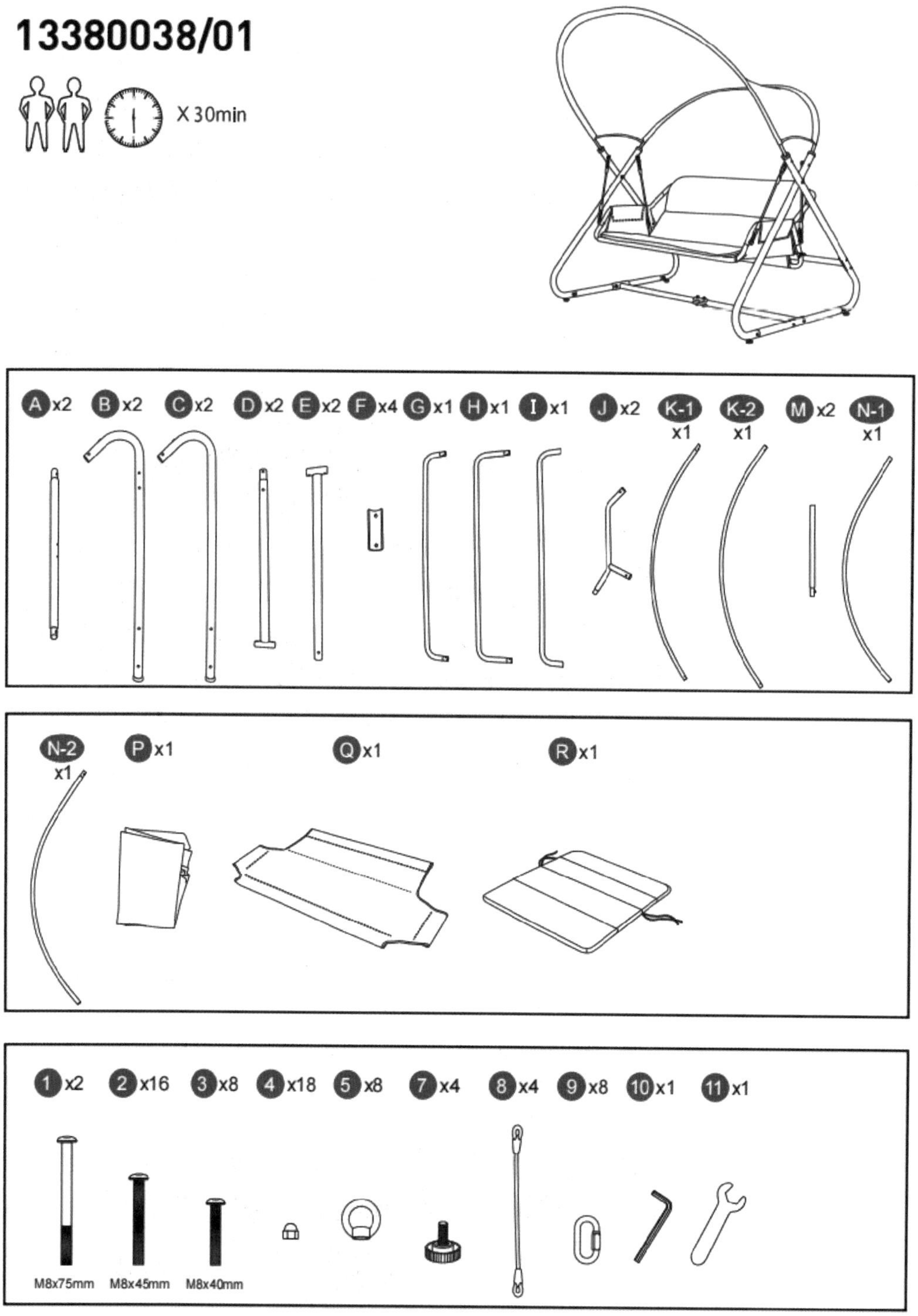
13380038/01
X 30min
A x2
B x2
C x2
D x2
E x2
F x4
G x1
H x1
I x1
J x2
K-1 x1
K-2 x1
M x2
N-1 x1
N-2 x1
P x1
Q x1
R x1
1 x2
2 x16
3 x8
4 x18
5 x8
7 x4
8 x4
9 x8
10 x1
11 x1
M8x75mm
M8x45mm
M8x40mm

图 9-10　安装说明书 1

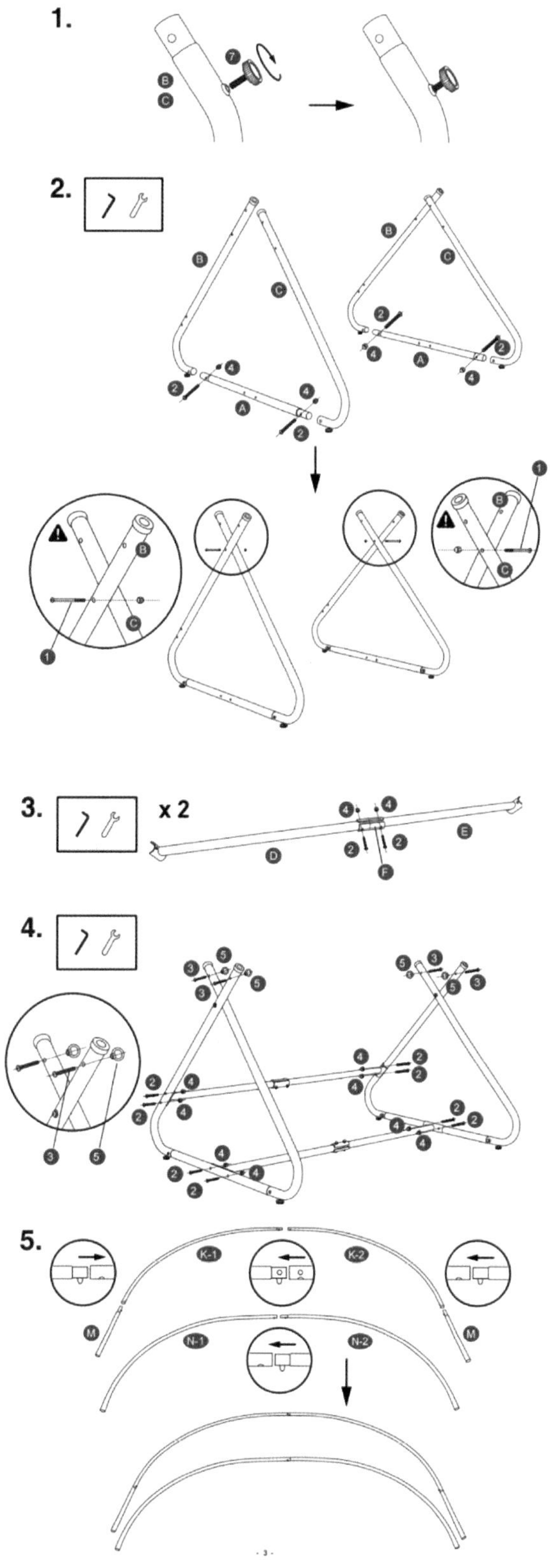


图 9-11　安装说明书 2

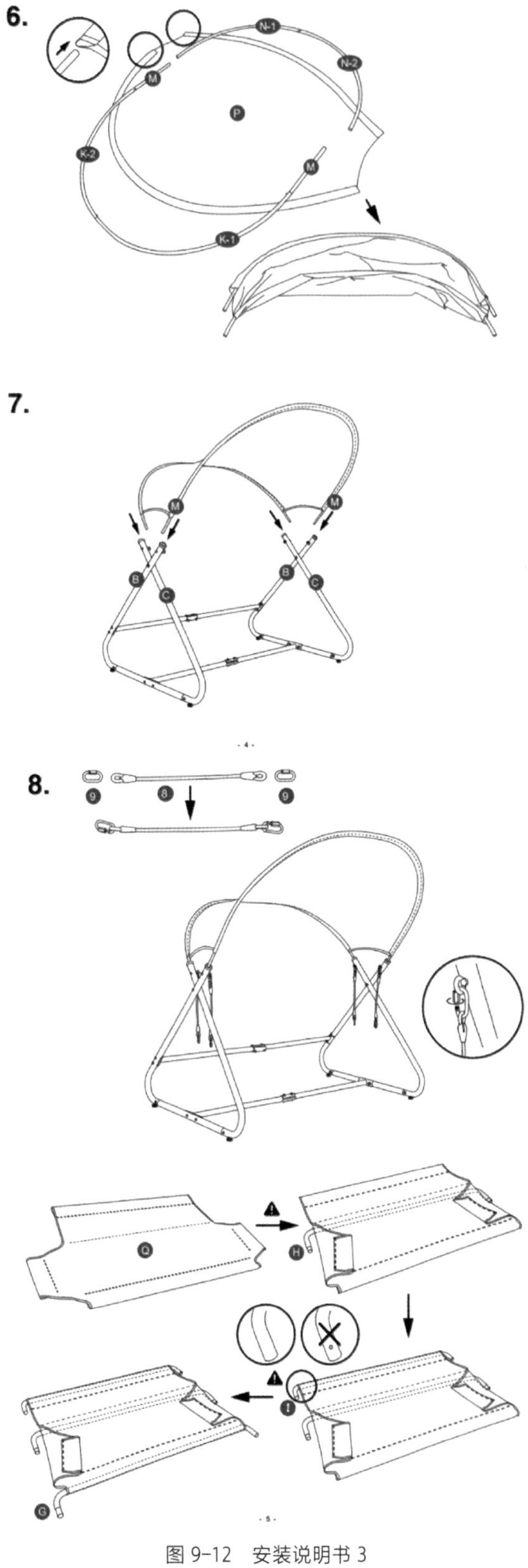


图 9-12　安装说明书 3

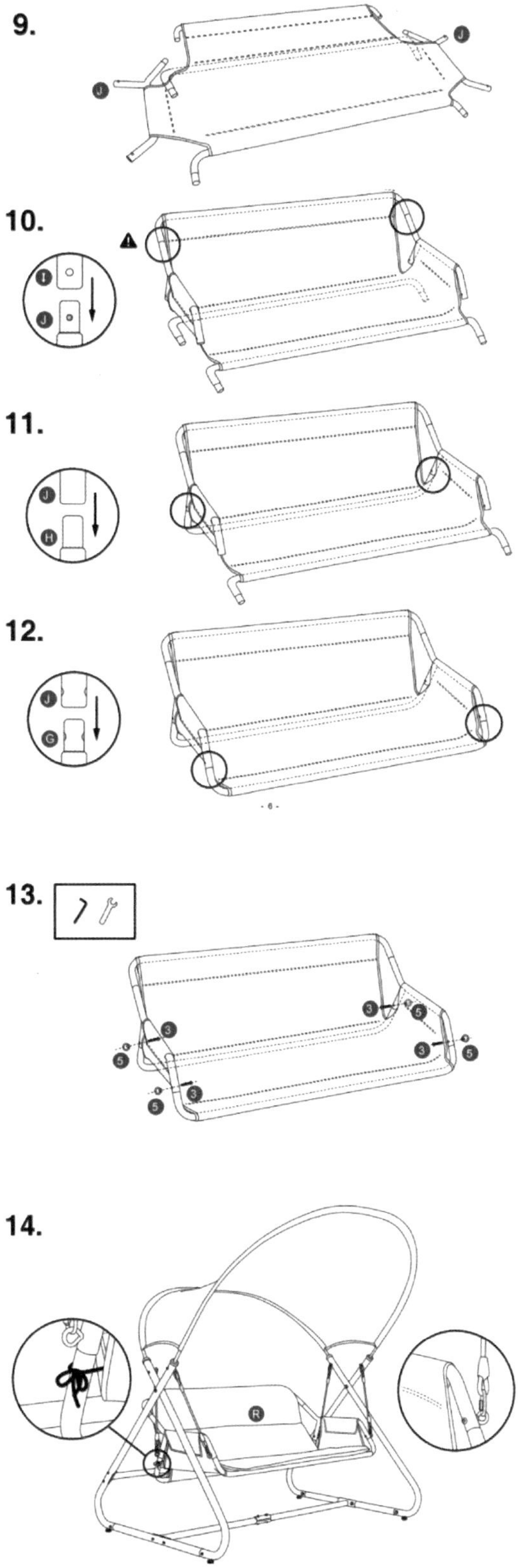


图 9-13　安装说明书 4

### 9.3.9 设计评价

户外家具应该满足使用者的内心需求和行为习惯，体现出设计者的设计理念。设计的产品除了满足人们对学习、生活等的功能性、实用性需求外，也需要满足人们的情感需求、舒适需求、感官需求等。除此之外，户外家具设计还要充分考虑不同人群的需求与自然环境因素，并且切合人们的情感需要，设计出大众认可的户外家具产品。同时要处理好环境、家具、人三者之间的关系，这也是设计者要重点考虑的问题。设计师需要进一步关注户外家具与户外环境的关系，户外家具是人与环境直接沟通、交流的媒介，可以在一定程度上调节人与自然环境之间的关系。

在实用性方面，户外家具必须保证其在户外环境下具有坚固的结构、良好的气候适应性以及抗腐蚀性能。户外家具从原材料采购到成品组装，每一步都应确保符合设计标准，在生产中实施严格的质量控制措施，要经过严格的耐用性测试，如EN581标准等，确保每件产品都能达到耐用性和舒适性要求。标准化和模块化设计是提高生产效率、降低成本的有效手段。户外家具可通过模块化设计，使相同功能的部件可以替换使用，便于维修和升级。总之，户外家具的生产和标准需综合考虑使用者需求、材料特性、环境适应性以及情感化设计，以实现功能性与艺术性的完美结合。

## 课后思考题

请结合模块化、多材料、稳定安全及美观舒适等设计要点，阐述如何设计一款既能满足户外露营需求，又能体现地域文化特色的露营地户外家具，并从功能、材料、结构和审美四个方面提出具体设计思路。